Automated
Trading with R

自动化交易
R语言实战指南

[美] Chris Conlan 著

汤伟 韩旭 韩希锋 徐力恒 译

人民邮电出版社
北京

图书在版编目（CIP）数据

自动化交易R语言实战指南 / （美）康兰
(Chris Conlan) 著；汤伟等译. -- 北京：人民邮电出
版社，2017.8（2018.5重印）
  ISBN 978-7-115-45745-5

Ⅰ．①自… Ⅱ．①康… ②汤… Ⅲ．①程序语言－程
序设计－指南 Ⅳ．①TP312-62

中国版本图书馆CIP数据核字(2017)第150234号

版 权 声 明

- ◆ 著　　　　[美] Chris Conlan
  - 译　　　　汤　伟　韩　旭　韩希锋　徐力恒
  - 责任编辑　胡俊英
  - 责任印制　焦志炜
- ◆ 人民邮电出版社出版发行　　北京市丰台区成寿寺路 11 号
  - 邮编　100164　电子邮件　315@ptpress.com.cn
  - 网址　http://www.ptpress.com.cn
  - 北京九州迅驰传媒文化有限公司印刷
- ◆ 开本：800×1000　1/16
  - 印张：12.75
  - 字数：266 千字　　　　　　　2017 年 8 月第 1 版
  - 印数：2 401 – 2 700 册　　　2018 年 5 月北京第 2 次印刷
  - 著作权合同登记号　图字：01-2017-4169 号

定价：69.00 元

读者服务热线：(010)81055410　印装质量热线：(010)81055316
反盗版热线：(010)81055315
广告经营许可证：京东工商广登字 20170147 号

内容提要

    R 语言是用于统计分析、绘图的语言和操作环境，是属于 GNU 系统的一个自由、免费、源代码开放的软件。它是一个用于统计计算和统计制图的优秀工具。

    本书通过 11 章内容介绍了自动化交易的核心要点，并基于 R 语言给出了相应的编程方法。本书涉及编程、高性能计算、数值优化、金融以及网络等众多主题，书中的 3 个部分分别涵盖了自动化交易简介、平台搭建、产出交易等重要主题。

    本书内容详细、示例丰富，非常适合对自动化交易感兴趣或者想要使用 R 语言进行金融数据分析的人士阅读参考。如果读者有一定的编程基础，将会对本书的学习提供不少助力。适当参考书中的公式和代码示例，读者能够更好地掌握相关内容。

译者序

　　本书的翻译历时半年时间。翻译的动机很简单：现在量化交易备受人们的关注，知乎以及一些微信公众号都开辟了专门的"天地"，在无形中组织起了一群志同道合的人对其进行研究，这种研究或者出于工作的需要，或者出于兴趣，但都毫无疑问地使之成为热点。所以译者在看到这本书时，便动心想要将它介绍给国内的"矿工"们，希望对大家有所帮助。

　　本书利用 R 语言构建了一个自动化交易的平台。学习本书可以让读者对自动化交易有一个系统的了解，并且可以将所学到的知识运用到回测、策略优化和自动化交易平台的开发中去。原书提供了完整的源代码，更加方便了读者的学习和理解。

　　我们要感谢本书的作者 Chris Conlan 及原书的出版社 Apress，是他们贡献了这些知识。感谢人民邮电出版社及胡俊英编辑，让我们得到这次翻译的机会，也促使本书与国内的朋友们见面。

　　本书翻译工作由汤伟、韩旭、韩希锋、徐力恒等共同完成，并且感谢复旦大学经济学院陈学彬教授提供的宝贵指导。

　　鉴于我们水平有限，并且时间紧迫，翻译中的错误是难以避免的，希望读者多多包涵，并且不吝赐教！相信这种交流对读者和译者来说都是难得的进步机会。

2017 年 6 月于复旦大学

作者简介

　　Chris Conlan 是作为独立从事交易算法的数据科学家开始他的职业生涯的。进入弗吉尼亚大学之后，他仅用 3 个学期就完成了本科统计学课程。在此期间，他筹资组建了一家高频外汇交易集团，并担任总裁和首席交易策略师。目前，他正管理着一家科技公司，该公司业务涉及高频外汇、机器视觉和动态报告等领域。

致谢

非常感谢 Jeffrey Holt 教授从头到尾读完本书。衷心感谢 Holt 教授、Gretchen Martinet 和 Paul Diver（弗吉尼亚大学统计系），他们专注的教学风格激励我分享自己的知识。

感谢 Stephen Nawara 博士，他是一个有天赋的程序员和极出色的生意合作伙伴。通过多次修改，他对本书内容质量和清晰度的提升做出了巨大贡献。

此外，我要感谢 R 开发社区和程序包的贡献者们，他们奉献自己宝贵的时间和专业的知识来维护和扩展 R 语言。

最后，我要感谢我的家人。他们对我持续的关爱和支持贯穿本书创作的始终，并持续地影响着我。

技术审稿人简介

　　Stephen Nawara 博士从芝加哥洛约拉大学获得药理学博士学位。在此期间，他还获得了 5 年生物医学数据分析的经验。目前，他担任数据科学家和 R 语言的教师，擅长将高性能计算和机器学习技术应用于自动化证券管理。

　　Jeffrey Holt 教授是弗吉尼亚大学数据科学中心的项目主任，并且是统计系的系主任。他从德克萨斯大学获得数学博士学位，主要研究抽样方法在生态学中的应用。他主要为弗吉尼亚大学的本科生和研究生教授机器学习、数据处理和数学等课程。

前言

  本书广泛涵盖了关于自动化交易的主题，以数学开始，然后转向计算和执行。读完本书，你将对自动化交易的机理和运算的细节产生独特的见解，并能将其运用到回测、策略优化及完全功能化的交易平台开发中去。本文的代码示例皆源自真实的咨询和软件开发合同的交付产品。在本书中，我们结合书中提到的概念，从头构建一个完整的自动化交易平台。本书将提供一个信心满满的算法交易者所需的众多知识，甚至包括完整的源代码，当然交易账户除外。

定义

  交易策略是交易者预先设定的用以做出交易决策的规则集，交易策略使用以下工具和技巧。

- 手动执行是指交易者手动安排交易，包括以下几项。
  - 与经纪商（或券商）取得联络。
  - 通过 E*Trade、Tradestation 或其他经纪商平台安排指令。
  - 场内交易。
- 计算机自动化是指交易者授权计算机代表其进行交易。许多零售经纪平台和交易软件已经将这种功能嵌入，但通常还是非常有限。大多数经纪商都有一个 API，这是为了让交易者以其选择的编程语言来实现更多的自定义功能。
  - Tradestation Easy Language, Metatrader。
  - Charles Schwab API。
  - 黑盒算法。
- 指标是相关数据的函数映射，它与规则集交互来为交易者提供交易提示。
  - 麦氏综合指标（MSI）。
  - 移动平均线。
  - 其他自定义指标。
- 规则集是指标的逻辑过滤器，以此触发交易决策。指标和规则集结合称为交易策略。
  - "如果指标升至 80 以上，则买入"。
  - "如果指标下穿其均值的两倍标准差，则卖出"。
  - "如果指标穿越零值并且净头寸为空，则空单补回"。

  策略开发是建立、测试、优化和维护交易策略的过程。策略开发主要包括如下内容。

- 回溯测试是模拟给定策略的过往绩效，通常关注感兴趣的特定参数。回测将生成开发者旨在最大化的绩效（或业绩）指标。为了优化策略中的参数，回测可以执行成千上万次。

- 策略优化是尝试确认目前的策略确实能够在未来最大化绩效指标。最优化方法要在计算速度和搜素完备性上做出取舍。
  - 穷举搜索。
  - 梯度搜索。
  - 遗传搜索。
- 绩效指标是开发者尝试最优化的任何收益率序列或股票曲线的函数。
  - 总收益。
  - 夏普比率。
  - 总收益最大回撤比。
- 参数更新是维护策略的一部分，即利用实时绩效数据来进一步优化绩效。在这个阶段，交易者使用更快速的优化方法和更加本地化的搜素。

本书涵盖范围

将交易思想变成完全自动化的交易策略要经过很多步骤。本书的讨论将从始至终围绕 R 语言实现开发。这样的讨论使得本书涵盖编程、高性能计算、数值优化、金融以及网络等众多主题。

上面提到的每一步都会结合具体示例加以阐释，同时本书附录 A 罗列了完整的源代码。该源代码是对本书讨论的各个主题的汇总。

如果你已经是本书提到的拥有经纪商账户的 API 客户，你可以立即输入自己的用户名和密码开始交易。但很显然，交易者在开始交易之前先来了解他们的程序脚本将完成哪些事情是很重要的。

在 R 中编程

R 是众多层次的数据科学家和统计学家的首选语言。它有一个巨大且发展快速的社区以及超过 7000 个（截至本书的写作时间）由不同开发者相继贡献的程序包。这些程序包包括众多软件套装，它们可用于数据管理、机器学习、图形和绘图等。安装一个新程序包一般只需要几秒，却在 R 中开启了众多新功能。如果一个交易者想要测试 Lasso 回归并将其作为一个指标，他可以安装 glmnet 程序包，然后只用一行代码即可运行 Lasso 回归。

在阅读本书时，你并不必须拥有 R 的使用经验，当然如果有的话，你将从中受益。大多数概念将会和与之互补的数学结合讨论，所以即使不执行代码，这些概念也都可以被读者理解和学习。有关下载和安装 R 和 RStudio 的说明，请参阅本书的网站 r.chrisconlan.com。

高性能计算

任何运行的程序都可以被优化，使其执行效率更高。在高性能计算中，我们的目标是通过有组织的形式充分利用计算机的资源来最小化计算时间。

我们运行的大多数程序都只使用计算机的一个内核。除非它们要完成一些非常繁重的任务，否则一个程序使用一个内核可能是最好的。但当编写需要进行大量数字处理的程序时，将负载分布到多个内核是有益的，这称为"并行化"。我们会发现一些工作很容易并行化，有些却不是。我们还会发现，一些任务通过并行化实现了巨大的速度提升，却使其他任务的执行变得缓慢。

有时程序可能运行得很慢，原因可能是我们的计算机内存（RAM）不足，因此需要访问硬盘驱动器（磁盘空间）上的内存。通过磁盘存储和提取信息是一个非常缓慢的过程，我们将学到内存管理如何通过防止数据溢出 RAM 而进入磁盘以提高速度。

数值优化

有些读者可能会记得使用基本的算术方法来寻找函数的最小值或最大值，这称作"解析优化"。在解析优化中，我们通过解析数学形式来找到解。

与之不同的是，数值优化是使用高性能计算和搜索算法来估计最小值或最大值。这些算法中的一部分将通过估计高维导数（或梯度）进行微积分计算，其他算法将以非引导的网格状方式进行搜索。我们使用后者而不是前者，因为我们不知道绩效函数及其导数的形式。

这里我们将通过减少交易策略中的参数数量并且选择最合适的算法来寻找绩效函数的最大值，从而最大程度地改善速度。

金融

当建立回测算法时，我们必须会估计许多现实世界中的金融现象所产生的影响，以确保对策略绩效的估计是准确的。我们将讨论关于佣金、保证金、滑点以及其他东西的估算方法，以便通过回测生成准确的绩效预测。

我们将讨论一些问题，诸如交易的最佳时间、在给定账户约束下寻找最优交易频率以及该使用哪些风险模型来验证指标。

网络

数据提供者实时地向金融领域的各式参与者提供数据。经纪商接收到客户端发来的消息，并代表他们执行指令（或订单）。但交易者如何获得他们的数据，又是如何得到交易者的信息呢？

为了获得数据，我们将向数据提供者发送由计算机生成的消息，其响应就是返回请求的数据。这些计算机生成的消息通过应用程序编程接口（application programming interface，API）与数据提供商合作。使用 API，计算机可以和他们通信，这些通信以其能够理解的预定义语言进行。消息可能是非常长的 URL 或其他格式化的形式。

给经纪商发送指令时，我们做的工作都差不多。大多数基于平台的经纪商都有 API，通过 API，交易者指定计算机并以其名义进行程序化交易。经纪商有时需要不同的请求和消息格式来增加安全性。我们将讨论各种文件传输和消息传输格式，并解释为什么某些特定服务在使用它们。

内容概览

本书将分为 3 个主要部分。第 1 部分将进一步阐明本书的目标和使命，并讨论策略化交易中一些有趣的值得分析的难题。第 2 部分将重点介绍平台的核心功能，大多数 R 语言编程集中于此。第 3 部分通过扩展和规整第 2 部分中搭建的平台，将平台应用于实际生产环境。此处还将揭示我们的平台如何具备竞争力，以及接下来如何进一步拓展你在开发策略方面的学识。

第 1 部分：研究内容

- 第 1 章，"自动化交易的基础"：我们将从数学角度定义股票曲线和收益率，以指明涉及自动化交易相关问题的知识点。我们将介绍一些流行的风险收益指标，并探究其在模拟股票曲线和标准普尔 500 指数上的特征。

第 2 部分：搭建平台

- 第 2 章，"网络部分 I"：我们以获取、存储和加载将用于分析和交易的数据为开始。使用基于 URL 的 API 和 MySQL 样式的 API 来构建 ASCII 数据库，以.csv 的文件形式存放股票数据。我们将讨论有效地更新数据、存储数据并将数据加载到内存用以分析的方法。
- 第 3 章，"数据准备"：这里我们使用第 2 章中加载的数据，并应用一些特定的清洗方法。我们讨论这些方法并将生成附加的数据用于后续章节的分析。
- 第 4 章，"指标"：我们讨论交易策略中指标的理论和用法。引入信息含量的概念，并计算少数指标作为示例。你将会对 R 中实施时间序列计算的基石——apply 族函数，感到得心应手。
- 第 5 章，"规则集"：我们讨论交易策略中规则集的理论和用法。介绍那些用以讨论和程序化规则集的重要术语，并使之标准化。我们将非常注意哪些类型的指标与哪些类型的规则集配合工作会产生良好的效果。
- 第 6 章，"高性能计算"：本章将作为一个广义介绍高性能计算以及 R 中高性能计算的具体指南。这将扩展你使用 apply 族函数进行多核计算的熟悉度。
- 第 7 章，"模拟和回测"：我们将综合运用目前所学知识，利用第 6 章介绍的高性能方法，从数据、指标和规则集中生成模拟交易结果。
- 第 8 章，"优化方法"：本章将第 7 章的核心内容放在 for 循环中，以搜寻交易策略的最佳参数。本章将花费很多时间讨论参数搜寻的最佳方法。
- 第 9 章，"网络部分 II"：本章介绍了一些流行的经纪商以及如何通过 API 向他们发送指令。

第 3 部分：产出交易

- 第 10 章，"组织和自动运行脚本"：我们在 UNIX 和 Windows 上建立 CRON 任务，按时间自动运行交易策略。
- 第 11 章，"前瞻"：我们将讨论大规模基金和高频交易基金所面临的问题、它们可能使用的程序语言以及如何一般化地推进自动化交易的职业生涯。

学习资源

- 设置 R 和 RStudio：r.chrisconlan.com
- 社区讨论：r.chrisconlan.com

目　　录

第 1 部分

■ ■ ■

研究内容

第1章

■■■

自动化交易的基础

交易的基本目标是最大化经过风险调整后的收益。当开发策略时，我们会模拟交易的表现，试图在模拟中最大限度提高风险调整后的收益。有许多方法度量风险调整后的收益，比如净值曲线和收益率序列。

1.1 净值曲线和收益率序列

净值曲线是交易账户的价值随时间变化的曲线，它刻画了现金加上投资组合的价值总和随时间的变化。如果账户投资金额不变，我们希望它呈线性上升；如果是复利投资，我们希望它呈指数上升。收益率序列包含了每个时间段的收益。收益率取决于交易的资产，与账户规模无关，因此是否复利投资并不影响收益率。

图 1-1 展示每天交易 10 只标准普尔 500 的股票（无再投资收益），每次交易 10000 美元的策略生成的净值曲线。作为参考的灰色线是价值相当的 SPY S&P 500 ETF 的净值曲线，它是一种模仿标准普尔 500 指数的可交易基金。

图 1-1　示例股票曲线

收益率序列展示了每一个交易阶段证券投资组合收益或损失可交易资金的百分比。图 1-2 为图 1-1 净值曲线的日收益率序列。

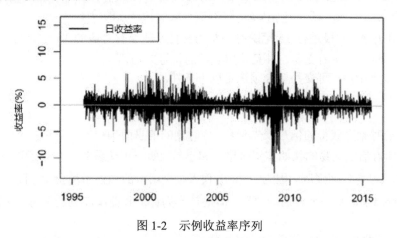

图 1-2　示例收益率序列

1.1.1　净值曲线的特征

为研究股票的净值曲线，我们引入一些符号。

我们定义 P_{t_0} 为调整前证券投资组合的价值，P_{t_1} 为调整后的价值，$t = 0, 1, \cdots, T$，$t = 0$ 表示开始模拟的时刻，$t = T$ 表示当前时刻。

假设证券投资组合调整（或交易）瞬间发生，P 从 t_0 到 t_1 的变化代表由于调整所带来的价值变化，而 P 从 $(t-1)_1$ 到 t_0 的变化代表基于投资组合中资产市场价格的变化。当一个自动交易算法调整投资组合时，从 t_0 到 t_1 的转变瞬时发生。按时间先后顺序，t 逐步取值 t_0、t_1，直至 T_0、T_1。

我们定义 C_0 为初始资金，C_{t_0} 和 C_{t_1} 分别为 t_0 和 t_1 时刻的未投资资金，K_t 为从 t_0 瞬时调整至 t_1 发生的交易费用。t_0 时刻的股票曲线如下。

$$E_{t_0} = C_{t_0} + P_{t_0} = C_0 + \sum_{i=1}^{t} \left(P_{i_0} - P_{(i-1)_1} - K_{i-1} \right)$$

注意到在 $t = 0$ 时，$C = C_{t_0}$。此外，E_{t_0} 与 E_{t_1} 之差是发生在从 t_0 至 t_1 调整期间的所有交易费用的总和。

$$E_{t_1} = E_{t_0} - K_t$$

当我们绘制净值曲线并且对其进行风险收益计算时，只需使用 E_{t_1}（其中 $t = 0, 1, \cdots, T$）。选择 E_{t_1} 而不是 E_{t_0} 是为了反映交易费用（如佣金）在净值曲线中的影响。

1.1.2　收益率序列的特性

定义 V_t 为 t_0 时刻的可交易资金，该值由交易者设定。交易者投入的总资金在任何时刻都不能

超过 V_t。定义 $t(i_1)$ 和 $t(i_0)$ 分别为交易 i 开始的时刻 t_1 和结束的时刻 t_0。当 $t(i_1) \leqslant t_1 < t(i_0)$ 时，交易 i 在 t 时刻发生。如果交易 i 在 t_1 时刻发生，就说 $i \in I_t$。定义 ji 为交易 i 开始时的资产。此外，令 P_{t_0} 和 P_{t_1} 可以包含子集，这样 $P_{t_1,j}$ 代表 t_1 时刻投资组合资产 j 的价值。

如果我们在 t_0 至 t_1 时段进行 15 笔瞬时调整的交易，就会有对应的 15 个新的 t_i。这允许我们进行无数次的、相互重叠的交易，并且使用之前的符号来描述。

对于 $0 \sim T$ 之间的 t，可交易资金须满足以下条件。

$$V_t \geqslant \sum_{i \in I_t} P_{t(i_1),j_i}$$

V_t 基于当前时刻可获得的信息或先于 $(t-1)$ 时刻的信息而确定。

这意味着所有活跃交易的初始购买价格之和小于或等于可交易资金。需要注意的是，V_t 和 P_{t_0} 或 P_{t_1} 之间的关系没有任何限制。因为 P_{t_0} 和 P_{t_1} 代表投资组合的当前市场价值，而不是初始购买价值。上述方程看起来像是一个普通的定义，但是 V_t 作为计算收益率序列的分母，这种方式定义 V_t 十分必要。

- 在 $t_0 \sim t_1$ 调整之前，使用算法计算 V_t 的值。
- 当所分配的资金超过投资额时收益率会受到惩罚。在这种情况下，分配资金与投资资金被同等对待，即使仍未投资。
- 允许交易资金是可以浮动的而不是恒定的。

t 时刻的收益率序列被定义如下：

$$R_t = \frac{P_{t_0} - P_{(t-1)_1} - K_{t-1}}{V_{t-1}}$$

这个收益率序列的定义是 V_t 定义的直接结果，并因此而有益于计算。

收益率序列的经典定义是从时刻 $t-1 \sim t$ 净值曲线的百分比变化。定义允许真实地衡量投资组合的表现，而不需要对金融模型作不现实的假设。收益率序列的经典定义在许多情况下并不适用。

- 如果 $t = 0$ 后交易账户存在取款和存款。
- 如果收益没有严格地进行再投资。

在本书中，我们讨论的许多风险-收益模型，对如何计算净值曲线和收益率序列没有特殊的规定。我们已经用合乎现实的方式将它们在本章中表示出来。交易者和投资者应该谨慎比较自己的策略模型与他人开发的策略模型。未考虑上述关系将会让风险—收益模型发生收益率不切实际的向上偏移。

1.2　风险—收益模型

策略开发的目标是寻找最大化风险调整的收益。我们通过回测来寻找这些可以用于实时交易的策略。实际上，存在许多风险调整收益的方法，我们将在回测中计算它们，不过我们只优化其中一个指标。表 1-1 从数学角度总结了一些有用的风险—收益指标，R 语言代码稍后会在本章给出。

表 1-1 常用的风险——收益度量

指标	公式	注释
高频夏普比率	$\dfrac{\bar{R}}{\sigma_R}$，其中：$\bar{R} = \dfrac{R_1, \cdots, R_T}{T}$ $\sigma_R = \sqrt{\dfrac{1}{T-1}\sum(R_t - \bar{R})^2}$	要求如果用来做推断的话，收益要是正态分布的
高频 Jensen's alpha	α 是由公式：$R_t = \alpha + \beta R_{t,b} + \varepsilon_t$ 估计得到的，$R_{t,b}$ 是基准指数。	要求如果用来做推断的话，收益要是正态分布的。通常用于评估基金绩效
净利润分数	$PPS = \dfrac{E_{T_0} - V_0}{V_0}R^2$，其中 R^2 是如下回归的拟合优度： $\dfrac{E_{t_0}}{V_t} = \alpha + \beta t + \varepsilon_t$	经初始可交易资本调整的收益率
净利润与最大回撤之比	$NPMD = \dfrac{E_{T_0} - V_0}{MD}$，其中： $MD = max(E_{k_0} - E_{l_1}), k < l < T$	简单但有效的风险-收益指标。最大回撤是从任意时点，到其之后任意时点的最大可能损失
高频 Burke 比率	$Burke_n = \dfrac{\bar{R}}{\left(\dfrac{1}{T}\sum\limits_{t=1}^{n} MD_i^2\right)^{\frac{1}{2}}}$	代表了第 i 个最大可能损失。分母是考虑了极大损失的偏方差。通常 $n=T/20$
低的或高的偏 n 阶矩	$LPM_n(R_b) = \dfrac{1}{T}\sum\limits_{t=1}^{T} max\left[R_b - R_t, 0\right]^n$ $HPM_n(R_b) = \dfrac{1}{T}\sum\limits_{t=1}^{T} max\left[R_t - R_b, 0\right]^n$	对于绩效指标，低偏矩阵被认为是比标准差更好的度量，因为它只受到低于收益 R_b 的影响，是可以接受的最低收益。R_b 也可以被设定为 0、无风险利率或平均收益
广义 n 阶 Omega 矩	$\Omega_n(R_b) = \dfrac{\bar{R} - R_b}{(LPM_n(R_b))^{\frac{1}{n}}}$	对于 $n=2$，是 Sortino 比率；对于 $n=3$，是 Kappa（3）；对于 $n=1$，是 Shadwick 和 Keating 的 Omega 比率
改进的高频夏普比率	$SR = \dfrac{\bar{R}}{(LPM_n(0))^{\frac{1}{2}}}$	分母是对易变的损失的惩罚
(n_1, n_2) 阶的向上可能性比率	$UPR_{n_1,n_2}(R_b) = \dfrac{HPM_{n_1}(R_b)^{\frac{1}{n_1}}}{LPM_{n_2}(R_b)^{\frac{1}{n_2}}}$	Sortino 在 1991 年开发 Sortino 比率之后于 1999 开发 $UPR_{1,2}(R_b)$。$UPR_{2,2}(0)$ 有很多合意的性质

1.3 风险—收益模型的特征

在这一节中，我们会模拟净值曲线来研究表 1-1 中风险—收益指标的特征。当我们优化自己的策略时，这将会帮助我们决定该专注于哪个风险—收益指标。

我们将用 SPY 收益和随机数产生净值曲线。交易资金恒定为 10000 美元。如果你想模拟本部分的随机数据，复制原代码即可。简单起见，我们只定义 E_{t_0} 。

代码清单 1-1 安装了一个叫做 quantmod 的 API 安装包，可以通过它获得股票数据。随后的一章中，我们会覆盖 API 安装包、时间序列安装包和 quantmod，现在不作详述。现在，你应该确保连接到了互联网并且根据提示选择一个下载镜像。如下代码假定你已经安装了 quantmod，并且在库函数中调用它。由于代码冗长，我们已经将它封装为 suppressWarnings()。一般可以忽略 quantmod 警告和 xts 警告。

代码清单 1-1　导入 SPY 数据

```
# 检查 quantmod 是否已安装，否则进行安装
# 载入 quantmod，并将不需要的警告信息关闭
if(!("quantmod" %in% as.character(installed.packages()[,1])))
  { install.packages("quantmod") }
library(quantmod)

options("getSymbols.warning4.0"=FALSE,
        "getSymbols.auto.assign"=FALSE)

# 载入 S&P 500 ETF 数据，将收盘价存储为一个矢量
SPY <- suppressWarnings(
  getSymbols(c("SPY"),from = "2012-01-01"))
SPY <- as.numeric(SPY$SPY.Close)[1:987]
```

既然我们已经获得并准备好了数据，就可以开始模拟股票曲线和研究风险—收益模型。本章中以下所有代码都与你对所讨论内容的理解有关。代码清单 1-2 基于 SPY 随机地产生另外两条股票曲线，并且在图 1-3 中绘出结果。R 语言老手也许会注意到，存在更快速的方法进行本章中的许多计算，这是故意设定的指令。通过在 SPY S&P 500 ETF 收益率序列中加入一个小常量和随机效应，我们将模拟股票曲线和收益率序列。

代码清单 1-2　模拟净值曲线

```
# 设定随机数种子
set.seed(123)

# 创建时间索引
t <- 1:(length(SPY)-1)

# 流通资本矢量
Vt <- c(rep(10000, length(t)))

#基准收益率序列
Rb <- rep(NA, length(t))
```

```
for(i in 2:length(t)) { Rb[i] <- (SPY[i] / SPY[i - 1]) - 1 }

# 基准股票曲线
Eb <- rep(NA, length(t))
Eb[1] <- Vt[1]
for(i in 2:length(t)) { Eb[i] <- Eb[i-1] * (1 + Rb[i]) }

# 随机模拟收益率序列1
Rt <- rep(NA, length(t))
for(i in 2:length(t)){
  Rt[i] <- Rb[i] + rnorm(n = 1,
                         mean = 0.24/length(t),
                         sd = 2.5 * sd(Rb, na.rm = TRUE))
}

# 随机模拟收益率序列2
Rt2 <- rep(NA, length(t))
for(i in 2:length(t)){
  Rt2[i] <- Rb[i] + rnorm(n = 1,
                          mean = 0.02/length(t),
                          sd = .75 * sd(Rb, na.rm = TRUE))
}

# 随机模拟股票曲线1
Et <- rep(NA, length(t))
Et <- Vt[1]
for(i in 2:length(t)) { Et[i] <- Et[i-1] * (1 + Rt[i]) }

# 随机模拟股票曲线2
Et2 <- rep(NA, length(t))
Et2 <- Vt[1]
for(i in 2:length(t)) { Et2[i] <- Et2[i-1] * (1 + Rt2[i]) }

# Etl-SPY 投资组合关系图
plot(y = Et, x = t, type = "l", col = 1,
     xlab = "Time",
     ylab= "Equity ($)",
     main = "Figure 1-3: Randomly Generated Equity Curves")
grid()
abline(h = 10000)
lines(y = Et2, x = t, col = 2)
lines(y = Eb, x = t, col = 8)
legend(x = "topleft", col = c(1,2,8), lwd = 2, legend = c("Curve 1",
                                                          "Curve 2",
                                                          "SPY"))
```

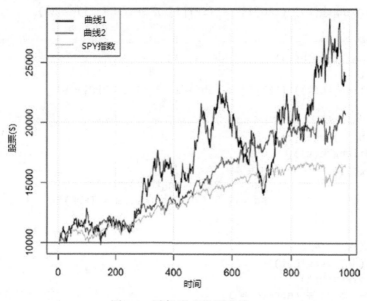

图 1-3　随机生成股票曲线

可以看到，随机生成的净值曲线，表现得像标准普尔 500 指数交易数据策略的真实净值曲线。我们将用表 1-1 中的方法，用 R 语言研究股票曲线和收益率序列。

1.3.1　夏普比率

夏普比率是测量策略性能的著名指标之一，于 1966 年由 William F. Sharpe 提出并成为被长期认可的衡量基金和策略表现的指标。众所周知，夏普比率存在理论上的不足，但它仍然在交流与报告中被经常提到。

夏普比率确立了衡量基金和策略表现的重要框架。表 1-1 中的大多数指标均可实现单位风险下超额收益最大化，但对夏普比率来说，可以更加精确地表述为单位收益标准差下的平均超额收益。

计算高频夏普比率时，分子忽略无风险收益率（基准），即使用 $\overline{R}$ 代替 $\overline{R}$ -R_f。因为典型的基准收益率，如 90 天国库券收益率，日收益率可以忽略不计。这种度量适用于高频交易者。经典夏普比率的支持者认为基准收益率应该是平均的交易成本。这是一个有意义的建议，因此我们的收益率序列包括了交易成本。

代码清单 1-3 计算了随机产生股票曲线的高频夏普比率。

代码清单 1-3　绘制净值曲线与模型表现关系图

```
# 在收益率序列中的位置 1 处，用 na.rm = TRUE 忽略 NA
SR <- mean(Rt, na.rm = TRUE) / sd(Rt, na.rm = TRUE)
SR2 <- mean(Rt2, na.rm = TRUE) / sd(Rt2, na.rm = TRUE)
SRb <- mean(Rb, na.rm = TRUE) / sd(Rb, na.rm = TRUE)
```

代码清单 1-4 绘出净值曲线与夏普比率计算值，如图 1-4 所示。在本书的剩余部分，只有当引入新的概念时，才会给出绘图代码。

代码清单 1-4　绘制股票夏普比率曲线

```
plot(y = Et, x = t, type = "l", col = 1,
    xlab = "",
    ylab= "Equity ($)",
    main = "Figure 1-4: Sharpe Ratios")
grid()
abline(h = 10000)
lines(y = Et2, x = t, col = 2)
lines(y = Eb, x = t, col = 8)
legend(x = "topleft", col = c(1,2,8), lwd = 2,
      legend = c(paste0("SR = ", round(SR, 3)),
                 paste0("SR = ", round(SR2, 3)),
                 paste0("SR = ", round(SRb, 3))))
```

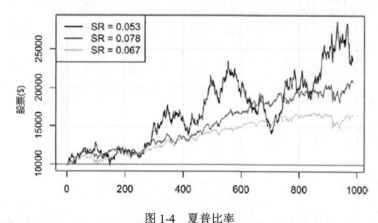

图 1-4　夏普比率

我们注意到：曲线 1 具有最高的收益率，但夏普比率却最小，因为它具有最高的收益率方差。曲线 2 的收益大约是 SPY 投资组合的两倍，方差稍高，根据夏普比率则是最优的。

在继续阐述之前，需要提醒夏普比率理论上的不足。

- 分母没有区分收益和损失，高收益和高损失都会使夏普比率下降。
- 利用夏普比率的前提是收益服从正态分布的假定。然而金融资产收益在大多数情况下并不服从正态分布。
- 分母是以平均收益率中心化的，而分子却是某无风险利率或者 0 中心化的。分母和分子根据同一标准中心化有助于评价指标的稳健性。

1.3.2　最大回撤比率

简单来说，最大回撤表示特定时间内采用某一股票策略的最大损失，该指标可以替代夏普比率分母中的标准差。当该指标以某种方式求和时，类似于方差，是对风险的单边度量。

最大回撤的数学表达式很简洁，但应用时需要做大量运算来计算所有回撤并找到最大回撤对

应的 n 值。此处，我们将定义一个函数，整个章节都会使用该函数。注意到表 2-1 中的公式，E_{k_0} 和 E_{l_1} 分别代表调整前和调整后的交易费用，这意味着我们只需要知道 E_{t_0} 和 E_{t_1}。为简洁起见，此处我们使用一个股票曲线代表 E_{t_0}。

在下面的例子和代码清单 1-5 中，我们采用了如下公式：

$$MD = \max(E_{k_1} - E_{l_1}), \text{ 其中 } k < l < T$$

代码清单 1-5　最大回撤函数

```r
MD <- function(curve, n = 1){

  time <- length(curve)
  v <- rep(NA, (time * (time - 1)) / 2)
  k <- 1
  for(i in 1:(length(curve)-1)){
    for(j in (i+1):length(curve)){
      v[k] <- curve[i] - curve[j]
      k <- k + 1
    }
  }

  m <- rep(NA, length(n))
  for(i in 1:n){
    m[i] <- max(v)
    v[which.max(v)] <- -Inf
  }

  return(m)
}
```

函数返回一个长度为 n 的向量，包含前 n 个最大回撤，默认 $n=1$。我们将用该函数计算净利润最大回撤比率和 Burke 比率。

$$NPMD = \frac{E_{T_0} - V_0}{MD}$$

$$Burke_n = \frac{E_{T_0} - V_0}{\left(\dfrac{1}{T} \sum_{i=1}^{n} MD_i^2 \right)^{\frac{1}{2}}}$$

高频 Burke 比率通过利用 n 个最大回撤的平方和度量方差，以此改进夏普比率。这些比率并非高度标准化的，所以我们在计算时分子既可以使用平均收益率也可以使用总收益率。在代码清单 1-6 中，我们将使用总收益率，以便较简单地与净利润最大回撤比率（NPMD 比率）相比较。除此之外，我们令 $n=T/20$。在图 1-5 中，我们比较了计算结果。

代码清单 1-6　最大回撤比率

```r
NPMD <- (Et[length(Et)] - Vt[1]) / MD(Et)
```

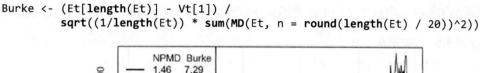

```
Burke <- (Et[length(Et)] - Vt[1]) /
         sqrt((1/length(Et)) * sum(MD(Et, n = round(length(Et) / 20))^2))
```

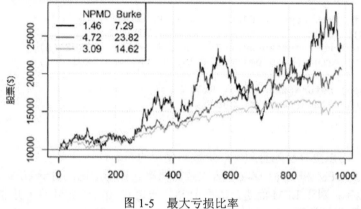

图 1-5　最大亏损比率

在图 1-5 中，收益曲线 2 同样表现最好，大约是曲线 1（黑色）的 3 倍。NPMD 和 Burke 比率对这些股票曲线来说几乎是成正比的。但也并非总是如此，尤其是在更长的时间跨度和有多个较大回撤的情形。最大回撤比率可以在以下几个方面解决夏普比率中的理论缺陷，如下所示。

- 最大回撤只有高损失才会使得比率下降，而高收益则不会。
- 最大值和最小值是通过非参数统计得到，这意味着不依赖正态分布的假定。
- 分子和分母均在原点中心化。

以下是关于最大损失回撤比率的稳定性和可比性的说明。

- 通过忽略那些可能尚未发生的既定策略的最大回撤，最大回撤比率趋向于奖励低损失模拟。这是利用单一最大回撤而不是用峰度表示的统计性描述的自然结果。
- 与低方差策略相比，最大回撤比率强烈惩罚高方差策略。曲线 2 的夏普比率大约比曲线 1 高 50%，而曲线 2 的 NPMD 和 Burke 比率比曲线 1 高 3 倍。当我们只是试图找到一个最大值时，这不是问题。但是，当比较两种策略时，投资者也许认为曲线 2 要比曲线 1 好 3 倍。

1.3.3　偏矩比

偏矩同样试图优化夏普比率，这是受到半方差概念的启发，半方差是仅对在数据平均值之上或之下的观测值求平均的均方偏差，相应地也可称为上半偏差和下半偏差。在数学表达式中，偏矩依赖于 $R_t - R_b$ 和零之中的较大值。与半方差类似，这意味着在计算下偏矩（LPM）时，可以忽略大于 R_b 的数；在计算上偏矩（HPM）时，可以忽略小于 R_b 的数。特别地，当阶数为 2 时，$LPM_2\left(\overline{R}\right)$ 和 $HPM_2\left(\overline{R}\right)$ 分别是下半方差和上半方差。

$$LPM_n(R_b) = \frac{1}{T} \sum_{t=1}^{T} \max\left[R_b - R_t, 0\right]^n$$

$$HPM_n(R_b) = \frac{1}{T} \sum_{t=1}^{T} \max\left[R_t - R_b, 0\right]^n$$

11

代码清单 1-7 在 R 中定义了一个函数用来计算贯穿全章的 HPM 和 LPM，它默认为 $LPM_2(0)$。

代码清单 1-7　偏矩函数

```
PM <- function(Rt, upper = FALSE, n = 2, Rb = 0){
  if(n != 0){
    if(!upper) return(mean(pmax(Rb - Rt, 0, na.rm = TRUE)^n))
    if(upper) return(mean(pmax(Rt - Rb, 0, na.rm = TRUE)^n))
  } else {
    if(!upper) return(mean(Rb >= Rt))
    if(upper) return(mean(Rt > Rb))
  }
}
```

通过 R 代码，可以更容易地看到不同阶数对偏矩的影响。

- $n=0$ 分别是 UPM 和 LPM 成功或者失败的概率。换句话说，对于 UPM 而言，它是 R_t 大于 R_b 的概率；对于 LPM 而言，R_t 小于 R_b。假定 $0^0=0$，在 R 环境下并非如此，所以通过以下程序更容易计算：

```
# 对于 LPM
mean(Rb >= Rt)
```

注意，这在代码清单 1-7 的函数说明中是很明显的，体现了数学的简洁性。

- $n=1$ 对 UPM 和 LPM 来说分别是超出 R_b 或者低于 R_b 的收益。
- $n=2$ 是假定平均 R_b 时上半方差或下半方差。
- $n=3$ 是假定平均 R_b 时上半偏度或下半偏度。这是 2004 年 Kaplan 和 Knowles 的 Kappa(3) 模型的基础，等同于 $\Omega_3(R_b)$。

最重要的两个偏矩比率是广义 Omega，如下所示：

$$\Omega_n(R_b) = \frac{\overline{R} - R_b}{(LPM_n(R_b))^{\frac{1}{n}}}$$

上半势比，如下所示：

$$UPR_{n_1, n_2}(R_b) = \frac{HPM_{n_1}(R_b)^{\frac{1}{n_1}}}{LPM_{n_2}(R_b)^{\frac{1}{n_2}}}$$

广义 $\Omega_2(0)$ 是改进后的高频夏普比率或利用 LPM 的高频夏普比率，它利用了 $LPM_2(0)$，$LPM_2(0)$ 在零收益的假设下与半方差相等。

上半势比对 UPM 和 LPM 分别利用两个参数 n_1 和 n_2。$UPR_{1,2}(0)$ 由 Sortino 在 1999 年提出，并且在数学上与 Sortino 比率相似，Sortino 比率中利用了观测值为正的平均值而不是所有观测值的平均值。在我看来，$UPR_{2,2}(0)$ 是 Sortino 的原始比率的改进。$UPR_{2,2}(0)$ 衡量正波动与负波动之比，而不是计算平均收益与惩罚因子的商。他将有利地支持那些能够做空市场的策略，而不是那些回避市场的策略。除此之外，分子和分母相等的程度使得它成为梯度优化的一个很好的替代者。

代码清单 1-8 计算了改进高频夏普比率（或 $\Omega_2(0)$）和上半势比 $UPR_{2,2}(0)$。当阅读如下代码时，请记住代码清单 1-7 中偏矩函数的默认值。

代码清单 1-8　偏矩比

```
Omega <- mean(Rt, na.rm = TRUE) / PM(Rt)^0.5
UPR <- PM(Rt, upper = TRUE)^0.5 / PM(Rt)^0.5
```

如图 1-6 所示，需要注意的是 $UPR_{2,2}(0)$ 是适合曲线 1 的最优比率，曲线 1 是收益最大的曲线，其路径上的许多向上的尖峰形成了这种现象。对每一个 UPR 方程，如果灾难性的损失被相等的收益所抵消，该比率将接近于 1，但不会低于 1。一些投资者可能认为这是一个令人满意的性质，因为它有利于风险偏好型的投资者。

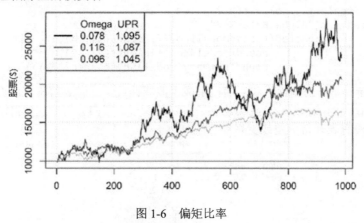

图 1-6　偏矩比率

1.3.4　基于回归的性能指标

为使风险调整后的收益最大化，我们寻求线性的、光滑的且具有陡峭上升斜率的股票曲线。这 3 种特性对应低波动、长期一致性和高收益。线性回归使我们能够通过一组数据拟合最佳的直线。基于回归的性能指标来评价策略性能，使我们能够比较不同指数之间的收益，度量股票曲线的线性程度。

Jensen's Alpha 是广为人知的统计量，即回归方程中的 α 项。

$$R_t = \alpha + \beta R_{t,b} + \varepsilon_t$$

其中 $R_{i,b}$ 表示基准收益率，例如 t 时刻标准普尔 500 指数收益率，α 表示拟合曲线的截距。在代码清单 1-9 中，通过回归还可以得到投资组合的 β 值，即金融学中度量资产波动率相关性的指标。尽管 β 值很重要，但本章的最优策略不会使用它。

代码清单 1-9　回归基准

```
# Rt-Rb 散点图
plot(y = Rt, x = Rb,
    pch = 20,
    cex = 0.5,
    xlab = "SPY Returns",
    ylab= "Return Series 1",
    main = "Figure 1-7: Return Series 1 vs. SPY")
```

```
grid()
abline(h = 0)
abline(v = 0)

# 计算并存储回归模型
model <- lm(Rt ~ Rb)

# 绘制回归曲线
abline(model, col = 2)

# 显示 alpha 和 beta 值
legend(x = "topleft", col = c(0,2), lwd = 2,
        legend = c("Alpha Beta R^2",
                    paste0(round(model$coefficients[1], 4), " ",
                        round(model$coefficients[2], 2), " ",
                        round(summary(model)$r.squared, 2))))
```

如图 1-7 所示，基于对称性，我们随机生成了股票曲线，此时 α 等于 0。通过在一个较小的常数上加入每一收益的随机效应，我们建立了最初的例子。回归分析发现，相较于基准指数，我们的股票数据并没有表现得更差或更好。

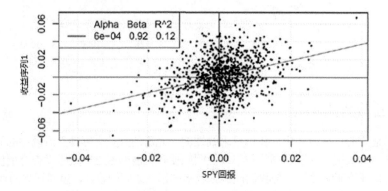

图 1-7　收益序列 1 vs. SPY

再次做回归分析，给所有负收益增加一个小常数来说明 Jensen's Alpha 的影响。

```
# 创建矢量，与不带有第一个NA 值的矢量长度相等
RtTemp <- c(0, Rt[-1])

# 给所有负增益增加0.01，并进行回归计算
RtTemp[RtTemp < 0] <- RtTemp[RtTemp < 0] + 0.01
model <- lm(RtTemp ~ Rb)
```

我们从图 1-8 中可以看出，当策略能降低损失日 1% 的影响时，Jensen's Alpha 就有 10 倍的增大。Jensen's Alpha 更适于在损失日里进行风险管理，而不是收益日。纯利润评分（Pure Profit Score，PPS）通过总收益乘以线性化的股票-时间回归曲线的 R^2 而得到，并描述了风险和收益。股票曲线通过除以可交易账户 V_t 来实现线性化，时间是整数向量 0, 1, …, T。需要注意的是，V_t 在我们

的模拟中是恒定的，所以这种情况下线性化是没有意义的。代码清单 1-10 实现了下列方程。

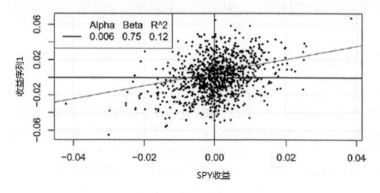

图 1-8　收益序列 1（替换）　vs. SPY

$$PPS = \frac{E_{T_0} - V_0}{V_0} R^2$$

$$\frac{E_{t_0}}{V_t} = \alpha + \beta t + \varepsilon_t$$

代码清单 1-10　收益比较

```
# 创建线性化的股票曲线，并进行回归计算
y <- Et / Vt
model <- lm(y ~ t)

# 通过从 summary 函数中引入 "r.squared"，计算 PPS
PPS <- ((Et[length(Et)] - Vt[1]) / Vt[1]) * summary(model)$r.squared
```

注意，在图 1-9 中，α、β 和 R^2 代表收益序列与 SPY 收益之间的回归结果。*PPS* 利用了来自于股票曲线和 t 之间单独回归的 R^2 项。

图 1-9　回归统计（vs. SPY）

15

这是我们所涵盖的第二个指标,适用于曲线 1 和曲线 2 及 SPY 组合。每一种指标都有各自的特性,投资者应该深入研究以便于选择适合自己风格并稳定而有效运行的那一种。

1.4　最优化性能指标

交易的根本目标是使风险调整后的收益最大化。策略开发的根本目标是建立一个策略,该策略可以最大限度地提高风险调整后的交易回报。我们将使用对特定时间序列交叉验证的方法来完成这一目标。通过将数据分成实验和测试两部分,可模拟缺乏完全信息的未来股票价格,目的是在测试部分只给出实验部分的信息,去最大化地测试部分策略的绩效目标。

第 8 章将严格地概述这一过程,并利用本章中所涉及的绩效指标。

搭建平台

■ ■ ■

# 第 2 章

网络部分 I

在本书的第 2 部分，我们将通过搭建交易平台源代码的方式引入主题。这一章我们将会讨论如何通过应用程序编程接口（application programming interface，API）来获取、存储和更新数据。我们的交易平台含有各种每天自动运行的过程，也需要将数据加载入 R 语言环境中进行处理。我们同时需要运行 R 和 RStudio 开展与此不相关的工作，即寻求在计算机的文件中存储数据的方式，并且保证在进行分析之前，这些数据都已经抓取完毕。本章我们将会探索多种方法来抓取、存储和加载数据。我们最终将会锁定最为有效的方法来执行下述的算法（读者们注意，本章之后提到的"算法"特指这些算法。）

- 过程 1：初始获取存储
  1. 抓取合意的股票列表
  2. 如果所有合意的股票已经出现在存储目录之中
     a. 结束过程 1，进行过程 2
  3. 如果有合意的股票不在存储目录中
     a. 尽快抓取不存在的合意的股票数据
     b. 在硬盘的目录中存储数据，保证能在其他步骤中获得数据
     c. 清理 R 语言环境
     d. 结束过程 1，进行过程 2
- 过程 2：加载数据到内存（R 语言环境）
  1. 获取存储目录中所有文件的名称
  2. 将数据从硬盘加载入 R 语言环境
  3. 如果数据已经更新过了
     a. 行进至第 5 步
  4. 如果数据尚未更新
     a. 抓取不存在的数据
     b. 将新数据追加至硬盘中已存数据
     c. 将新数据追加至 R 语言环境中的已存数据
  5. 在内存中准备好数据
     a. 编译日期表
     b. 根据日期表来组织数据
     c. 以具有统一日期属性的 zoo 对象的方式来组织数据

2.1 雅虎金融数据接口

雅虎金融（Yahoo! Finance）提供了一个流行、简单且免费的数据接口让我们获取股票的历史数据。我们也将把使用该数据接口作为导论，以便今后使用更加宽泛的 API 接口，并且评估它作为我们交易平台数据源的可行性。

Yahoo! Finance API 的说明文档随着年数的增大变得越来越难以安存，这甚至导致很多长期使用者将其视作一个隐藏的数据接口。但幸运的是，对于有经验的开发者来说，该接口又是非常直接和便于理解的。本节将提供一个实用但可能并不完整的指导，来帮助读者运用雅虎限额历史金融数据接口获取 CSV 格式的数据。尽管雅虎已经不承诺继续地支持该接口，但是我确信它仍然会继续运行，正如过去的 10 多年一样。

在编程的世界里，有很多和 API 交互的方式。雅虎金融数据接口允许我们通过运用 URL 并传入一系列参数的方式对数据库进行查询。源于 URL 的 API 通常包含一个基本的 URL 加上一串以?起始、以&分隔的参数。以下使用 p_i 代表 n 个参数名，v_i 代表 n 个参数值：

API URL = Base URL + ? + "$p_1=v_1$" + & + "$p_2=v_2$" + & + … + & + "$p_n=v_n$"

■ **注意：** 这里+仅表示字符串的连接（不体现在 URL 中）。雅虎金融数据接口的具体成分可见表 2-1。

表 2-1   Yahoo! Finance CSV API

成分	举例	参数说明
Base URL	http://ichart.yahoo.com/ table.csv	icharts 是 yahoo.com 的子域名，也是 API 接口的主机
p_1	s=GOOG	股票代码
p_2	a=5	起始日的公历月（初始索引值为 0），从 0 到 11
p_3	b=5	起始日的公历日，从 1 到 31
p_4	c=2011	起始日的公历年
p_5	d=8	终止日的公历月（初始索引值为 0）
p_6	e=20	终止日的公历日
p_7	f=2012	终止日的公历年
p_8	g=d	频率，"d" =日度，"w" =周度，"m" =月度
p_9	ignore=.csv	API 所需的静态参数

2.1.1 设置目录

在开始介绍示例代码之前，重要的是设置好安放平台的主要文件夹及目录。读者需要在计算机里找到合适的存放地点，并且创建以下几项。

* 项目的根目录，我本人的在主目录（home directory）里。

- 根目录下的子目录，存放股票数据的.csv 文件。
- 根目录下的子目录，存放个性化的 R 语言函数。修改代码清单 2-1，以字符串变量的形式存放路径。

代码清单 2-1 设置路径变量

```
rootdir <- "~/Platform/"
datadir <- "~/Platform/stockdata/"
functiondir <- "~/Platform/functions/"
```

2.1.2 构建 URL 查询

以下的 URL 查询找到了一个.csv 文件，里面含有 Google 公司从 2014 年 1 月 1 日至 2015 年 1 月 1 日的股票价格的历史数据：http://ichart.yahoo.com/table.csv?s=GOOG&a=0&b=1&c= 2014&d=0&e= 1&f=2015&g=w&ignore=. csv。尝试在计算机里跟踪该链接，它会自动下载一个可以用任何电子表格软件或者文本编辑器打开的.csv 文件。我们编程的难点在于，执行一个算法可以使用 R 语言自动获取众多股票数据。我们将会使用上述的字符串连接的方式建立 URL 查询，循环地获取众多股票的数据。

代码清单 2-2 声明了一个函数，该函数基于我们最常使用的一系列简约化参数与雅虎金融数据接口取得联络。注意到起始日默认为 2000 年 1 月 1 日，终止日不设默认值。当 *current* 的参数值是 true 的时候（默认），终止日的参数值（*d,e,f*）就会自动指定为当前日期。此外，我们使用 tryCatch 来处理错误。如果股票代码不存在或者网络连接出现问题，函数会返回 NULL。最终，我们确保该函数导入了根目录中的函数文件夹。确保已经为平台创建了根目录以及函数文件夹（子目录）。我们将会频繁地将 R 对象和函数导入这些目录以供调用。

代码清单 2-2 Yahoo! Finance CSV API 函数

```
yahoo <- function(sym, current = TRUE,
                  a = 0, b = 1, c = 2000, d, e, f,
                  g = "d")
{
  if(current){
    f <- as.numeric(substr(as.character(Sys.time()), start = 1, stop = 4))
    d <- as.numeric(substr(as.character(Sys.time()), start = 6, stop = 7)) - 1
    e <- as.numeric(substr(as.character(Sys.time()), start = 9, stop = 10))
  }

require(data.table)


  tryCatch(
  suppressWarnings(
  fread(paste0("http://ichart.yahoo.com/table.csv",
              "?s=", sym,
              "&a=", a,
              "&b=", b,
```

```
                    "&c=", c,
                    "&d=", d,
                    "&e=", e,
                    "&f=", f,
                    "&g=", g,
                    "&ignore=.csv"), sep = ",")),
  error = function(e) NULL
  )
}

setwd(functiondir)
dump(list = c("yahoo"), "yahoo.R")
```

运行以下代码将会在你的 R 环境中存储一个数据框，里面含有 Google 公司从 2000 年 1 月 1 日起（如果该股票是首次交易，则从当天开始）日度的收盘价。

```
GOOGL <- yahoo("GOOGL")
```

2.1.3　数据获取

过程 1 想要抓取一串合意的股票，同时确保它们已经存放于指定目录；并且，如果它们不存在，再从雅虎金融数据接口获取。代码清单 2-3 是从网站获取到的标准普尔 500 指数成分股票列表，并且将该列表转换成字符串向量。

代码清单 2-3.　标准普尔 500 指数成分股列表

```
# 成分股列表更新至本文写作时间(2016 年 5 月)
url <- "http://trading.chrisconlan.com/SPstocks.csv"
S <- as.character(read.csv(url, header = FALSE)[,1])
```

我们将其保存至目录以便后续直接调用而无需再次下载。

```
setwd(rootdir)
dump(list = "S", "S.R")
```

在代码清单 2-4 中，我们会将 R 环境指向含有股票价格数据.csv 文件的目录。我们将会检查目录中已存的文件名称是否与向量 S 中每个字符串拼接上.csv 相同，并将继续使用雅虎数据接口下载那些没有匹配到的文件。在第一轮工作的时候，所有文件都是不存在的，因此它们会被全部下载下来。

代码清单 2-4 同时包含了能够检查是否在向量 S 中提供了无效的股票代码的方法。如果执行程序后，我们没能在雅虎金融数据库中发现与股票代码相对应的数据，那么这些代码是无效的并且会以 R 对象的方式存储起来。这将帮助我们在未来避免不必要的 API 联络。如果标准普尔 500 指数的成分股在本文写作之后始终没有调整，那么无效的股票代码向量将是空的。

代码清单 2-4　初始目录加载器

```
# 加载"invalid.R"文件（如果存在）
invalid <- character(0)
```

```
setwd(rootdir)
if("invalid.R" %in% list.files()) source("invalid.R")

# 发现那些不在目录但是有效的股票代码
setwd(datadir)
toload <- setdiff(S[!paste0(S, ".csv") %in% list.files()], invalid)

# 使用雅虎函数抓取上述股票数据, 保存为.csv 或者新增到无效名单
source(paste0(functiondir, "yahoo.R"))
if(length(toload) != 0){
  for(i in 1:length(toload)){

  df <- yahoo(toload[i])

  if(!is.null(df)) {
    write.csv(df[nrow(df):1], file = paste0(toload[i], ".csv"),
              row.names = FALSE)
  } else {
    invalid <- c(invalid, toload[i])
  }
  }
}

setwd(rootdir)
dump(list = c("invalid"), "invalid.R")
```

至此意味着过程 1 将结束。我们将会清理 R 环境并且行进至过程 2。我们运行 rm() 来移除环境中可供选择的 R 对象，但这并不意味着它们被移除出内存。我们得继续运行 gc() 来进行垃圾回收，这样确保在 rm() 后那些被清除的对象占用的内存得到释放。

```
# 清除 R 环境中除了路径变量和函数之外的对象
rm(list = setdiff(ls(), c("rootdir", "functiondir", "datadir", "yahoo")))
gc()
```

2.1.4 加载数据至内存

我们将会获取得到 datadir 中所有文件的名称，并且将这些文件加载到内存。此处使用 yahoo 函数中已经用过的 data.table 程序包来快速读取.csv 文件。当.csv 文件很大且数据格式良好时，该程序包提供的 fread() 函数相比 read.csv 具有显著的速度优势。代码清单 2-5 表示，将每个股票的历史价格作为一个数据框进行存储，它们分别构成了列表 DATA 中的一列。

向量 S 代表着所有成功下载至数据目录的文件。贯穿本书，S 将被作为所有可得数据的、与 2016 年 5 月标准普尔 500 指数成分股代码相对应的股票。

代码清单 2-5　加载数据至内存

```
setwd(datadir)
S <- sub(".csv", "", list.files())
```

```
require(data.table)

DATA <- list()
for(i in S){
  suppressWarnings(
  DATA[[i]] <- fread(paste0(i, ".csv"), sep = ","))
  DATA[[i]] <- (DATA[[i]])[order(DATA[[i]][["Date"]], decreasing = FALSE)]
}
```

函数 fread()仅仅花费 6 秒就让计算机读取和组织了 200MB 的股票数据，这令人吃惊。读者可能注意到，我们在加载完所有数据后按照日期对其进行了排序处理。当我们开始从不同的数据源追加数据的时候，这步将变得很重要。

关于代码样式的注释

本文的代码样式是希望结合一些基本的传统约定来进行适度的自我解释。我们将会使用大写字母来给数据框及列表命名，正如代码清单 2-5 中 DATA 这个变量。循环变量使用小写的单字母，标量及向量均使用骆驼命名法加以命名（除了一些确定的主要的算法对象，使用单字母会更加简明和清晰，例如向量 S）。所有变量、程序包、名称以及类都会以代码专用字体的形式在本文呈现（大的数据对象除外）。

2.1.5 更新数据

代码清单 2-6 将通过检查每个股票最近的日期来确认数据是否已经更新。雅虎金融数据接口大概会在每个交易日结束后的美国东部时间下午 4 点 15 分更新。这和上一日的子时（0 点）已经相距 40.25 小时。在没有详细时间戳的情况下，子时是 R 默认的当日时间。由于数据中日期只是精确到日，我们只能将前一天的子时作为基准。如果当下时间和基准时间超过 40.25 小时，就意味着当前已经超过了美国东部时间下午 4 点 15 分，那么我们更新数据。

如果读者处在美国东部时区之外的其他时区，那么可以考虑调整 40.25 这个数字或者运行下述代码使得默认时区变为美国东部时间。

```
Sys.setenv(TZ='EST')
```

此外，该程序可以检验当前是否为周末，周末数据接口没有新的数据更新，并且会传出布尔型变量。如果最近一天的后一天以及当天都是周末，并且它们之间相隔不到 48 小时，我们认为这是周末且无需更新数据。更新数据的脚本通过利用 API 已知的行为模式有效地阻止无意义的和空的查询。逻辑上讲，这可能会导致周一早上出现状况，因此可以做更多事情彻底阻止不必要的 API 联络。幸运的是，我们较为彻底的自动化过程可以消除对此的担忧。

即使不必要的联络发生了（偶尔会发生，难以避免），由于数据已被排序以及函数 fread()默认的回应，不会有重复的行被追加至 R 环境以及数据库。这也减少了计算机不断地确认行的唯一性并且进行排序的时间，使得更新数据的过程彻底加快了。

代码清单 2-6　CSV 更新方法

```
currentTime <- Sys.time()
for(i in S){
  # 存储股票代码为 i 的数据的最大日期
  maxdate <- DATA[[i]][["Date"]][nrow(DATA[[i]])]
  if(as.numeric(difftime(currentTime, maxdate, units = "hours")) >= 40.25){

    #  把最大日期推进一天
    maxdate <- strptime(maxdate, "%Y-%m-%d") + 86400

    weekend <- sum(c("Saturday", "Sunday") %in%
                    weekdays(c(maxdate, currentTime))) == 2

    span <- FALSE
    if( weekend ){
      span <- as.numeric(difftime(currentTime, maxdate, units = "hours")) >= 48
    }
    if(!weekend & !span){
      c <- as.numeric(substr(maxdate, start = 1, stop = 4))
      a <- as.numeric(substr(maxdate, start = 6, stop = 7)) - 1
      b <- as.numeric(substr(maxdate, start = 9, stop = 10))
      df <- yahoo(i, a = a, b = b, c = c)
      if(!is.null(df)){
        if(all(!is.na(df)) & nrow(df) > 0){
          df <- df[nrow(df):1]
          write.table(df, file = paste0(i, ".csv"), sep = ",",
                      row.names = FALSE, col.names = FALSE, append = TRUE)
          DATA[[i]] <- rbind(DATA[[i]], df)
        }
      }
    }
  }
}
```

距离成功执行运用雅虎数据接口的算法还差最后一步。在一次性的运行过程 1 填充整个数据文件夹以后，我们的程序在常规日仅仅花费 15 秒来检查和更新数据。对于几乎所有的用途，包括程序化交易平台，这就足够了。

使用该接口，我们会受限于雅虎金融上的股票范围（大多数股票都是在美国上市），同时我们不得不对每只股票独立地进行网络查询进行加载与更新。当网络连接中断或者代码长且复杂的时候，用户有丢失股票的风险。我们将研究使用其他方法来获取数据，并且将这些方法最终整合到雅虎金融数据接口的脚本中，以便更加顺利以及更加安全地执行整个过程。

2.2　YQL 网络服务

YQL (Yahoo! Query Language)是一个功能多样的 MySQL 式的 API，简化了从 XML、

HTML 以及雅虎拥有的数据库资源获取数据的过程。YQL 的目标是促进更加一般化的网络抓取。数据收集和合并可以在 YQL 服务器上完成，并且可以以 XML 或者 JSON 的格式返回给用户。

使用 YQL 来更新股票数据是因为在获取雅虎内部数据的时候，它有很多合意的性质。我们无法仅仅依靠 YQL 来执行算法中的过程 1，因为它并不允许大文件下载。为了更好地利用 YQL，我们每次下载 101 只股票中的 5 只。如果一次性请求超过 15 个交易日数据（101 股票整批的情况下），YQL 往往会返回错误或者不完整的数据，所以我们将使用 YQL 用于每日数据更新。如果用户发现超过 10 天尚未更新股票数据，最好使用代码清单 2-6 的更新方法以提升更新速度。该决策过程在最终的源代码内是被自动处理的（见附录 A）。表 2-2 细化了 YQL 接口的结构。

表 2-2   YQL 接口结构

成分	举例	参数说明
Base URL	http://query.yahooapis.com/v1/public/yql	用于请求 YQL API 的基本 URL，允许每天最多 20000 次请求
p_1	q=select * from yelp.review. search where term='pizza'	获取网站或者 datatables.org 前定资源的 MySQL 式查询
p_2	diagnostics=false	YQL 是否在 XML 中包含诊断语句？一般测试使用 true，生产使用 false
p_3	env=store://datatables.org/ alltableswithkeys	当获取 datatables.org 中前定的表格时，我们要详述这个参数

URL 和查询构建

该请求的 URL 比我们发送来获取 .csv 数据的 URL 要大得多。我们首先以一个更小的例子进行解释。我们专注于参数 q 的构建，其他参数都比较直接。

参数 q 是为了满足 MySQL 式的查询。它一般都以 select * from 加表格名称和子集参数作为开头。举例来说，代码如下：

```
base <- "http://query.yahooapis.com/v1/public/yql?"
begQuery <- "q=select * from yahoo.finance.historicaldata where symbol in "
midQuery <- "( 'YHOO', 'GOOGL') "
endQuery <- "and startDate = '2014-01-01' and endDate = '2014-12-31'"
endParams <- "&diagnostics=true&env=store://datatables.org/alltableswithkeys"

urlstr <- paste0(base, begQuery, midQuery, endQuery, endParams)
```

该段代码能够获取到雅虎和谷歌 2014 年一整年的股价数据。复制粘贴 urlstr 到浏览器可以看到 XML 的输出结果。

我们使用 XML 程序包来处理输出，熟悉 XPath 的用户能够迅速地理解我们是如何从 YQL 下载的 XML 树中获取到信息的。XPath 是一个在很多编程语言中都会使用到的普适性工具，很像正则表达式，它允许我们以和 UNIX 文件路径相似的样式获取 XML 树上的数值。

在代码清单 2-7 中，我们将基于向量 S 程序化地生成 midQuery。通过测试我们发现，YQL

一般只允许少于 120 只股票的查询。考虑到股票名称长度不一并且了保证下载 5 次可覆盖所有 S 中的股票，我们一次请求 101 只股票。在使用 YQL 的时候牺牲掉了日期参数的灵活性，因为所有 101 只股票的请求都必须是相同的日期范围。我们发现，一批次 101 只股票的最早日期距今都超过 1 个月，因此对于重复值一经发现则将其丢弃。

代码清单 2-7 YQL 更新方法

```r
setwd(datadir)
library(XML)

currentTime <- Sys.time()

batchsize <- 101

# 对于这个例子 i 取值 1 到 5
for(i in 1:(ceiling(length(S) / batchsize)) ){

  midQuery <- " ("
  maxdate <- character(0)

startIndex <- ((i - 1) * batchsize + 1)
endIndex <- min(i * batchsize, length(S))

# 发现最早的日期并且建立查询
for(s in S[startIndex:(endIndex - 1)]){
  maxdate <- c(maxdate, DATA[[s]][[1]][nrow(DATA[[s]])])
  midQuery <- paste0(midQuery, "'", s, "', ")
}

maxdate <- c(maxdate, DATA[[S[endIndex]]][[1]]
             [nrow(DATA[[S[endIndex]]])])

startDate <- max(maxdate)

if( startDate <
    substr(strptime(substr(currentTime, 0, 10), "%Y-%m-%d")
           - 28 * 86400, 0, 10) ){
  cat("Query is greater than 20 trading days. Download with csv method.")
  break
}

# 在最早日期上增加 1 天(86400 秒)以避免重复
startDate <- substr(as.character(strptime(startDate, "%Y-%m-%d") + 86400), 0, 10)
endDate <- substr(currentTime, 0, 10)

# 雅虎最早在美东时间下午 4:15 更新, 检查是否超过（最后更新日）后一日的 4:15
isUpdated <- as.numeric(difftime(currentTime, startDate, units = "hours")) >=
  40.25
```

```
# 如果所有日期落在相同的周末，那么我们不尝试更新
weekend <- sum(c("Saturday", "Sunday") %in%
                    weekdays(c(strptime(endDate, "%Y-%m-%d"),
                              c(strptime(startDate, "%Y-%m-%d")))))) == 2

span <- FALSE
if( weekend ){
  span <- as.numeric(difftime(currentTime, startDate, units = "hours")) < 48
}


if( startDate <= endDate &
    !weekend &
    !span & isUpdated ){

# 把这些极长的 URL 化零为整
base <- "http://query.yahooapis.com/v1/public/yql?"
begQuery <- "q=select * from yahoo.finance.historicaldata where symbol in "
midQuery <- paste0(midQuery, "'", S[min(i * batchsize, length(S))], "') ")
endQuery <- paste0("and startDate = '", startDate,
                    "' and endDate = '", endDate, "'")
endParams <- "&diagnostics=true&env=store://datatables.org/alltableswithkeys"

urlstr <- paste0(base, begQuery, midQuery, endQuery, endParams)

# 抓取数据并且在 XML 树中排列
doc <- xmlParse(urlstr)

# 接下去几行极其依赖 XML 程序包中
# S4 对象的 XPath 和 quirks
# 我们复原 //query/results/quote 上每一个节点（或者分支）
# 并且从分支中复原 Date, Open, High 等的值
df <- getNodeSet(doc, c("//query/results/quote"),
                    fun = function(v) xpathSApply(v,
                                                  c("./Date",
                                                    "./Open",
                                                    "./High",
                                                    "./Low",
                                                    "./Close",
                                                    "./Volume",
                                                    "./Adj_Close"),
                                                  xmlValue))

# 如果 URL 可以发现我们组织和更新的数据
if(length(df) != 0){
# 我们从相同的树上获得属性，恰好是我们需要的日期
symbols <- unname(sapply(
    getNodeSet(doc, c("//query/results/quote")), xmlAttrs))

df <- cbind(symbols, data.frame(t(data.frame(df, stringsAsFactors = FALSE)),
```

27

```
                        stringsAsFactors = FALSE, row.names = NULL))

  names(df) <- c("Symbol", "Date",
                  "Open", "High", "Low", "Close", "Volume", "Adj Close")

  df[,3:8] <- lapply(df[,3:8], as.numeric)
  df <- df[order(df[,1], decreasing = FALSE),]

  sym <- as.character(unique(df$Symbol))

  for(s in sym){

    temp <- df[df$Symbol == s, 2:8]
    temp <- temp[order(temp[,1], decreasing = FALSE),]

    startDate <- DATA[[s]][["Date"]][nrow(DATA[[s]])]

    DATA[[s]] <- DATA[[s]][order(DATA[[s]][[1]], decreasing = FALSE)]
    DATA[[s]] <- rbind(DATA[[s]], temp[temp$Date > startDate,])
    write.table(DATA[[s]][DATA[[s]][["Date"]] > startDate],
                    file = paste0(s, ".csv"), sep = ",",
                    row.names = FALSE, col.names = FALSE, append = TRUE)
  }
  }
  }
  }
```

　　代码清单 2-7 包括了跟代码清单 2-6 一样的更新步骤，但是不同于制造 500 次数据请求，它只制造 5 次。它比较不容易发生连接失败的问题但是需要花费更长的时间来组织数据。只要我们能够使用 YQL，我们将继续使用它来减少雅虎的网络拥堵并且提升速度。

2.3　Quantmod 的注释

　　Quantmod 是一个流行的、从雅虎和其他 API（包括 Google 和 Bloomberg 的）抓取历史股价数据的程序包。

　　作为一个普适的编程范式，开发者依靠其已经建立好的程序包开始，因此牺牲掉了灵活性。在本节中，我们讨论为什么 Quantmod 会被考虑却没被选择作为我们平台数据管理的工具。

背景

　　Quantmod 在学术上是极其重要的。它为普通学生并非 R 语言专家提供了方便，让他们可以仅用几行代码就下载到金融数据。Quantmod 是专门为此目的而设计的。

```
getSymbols(c("SPY"), from = "2012-01-01")
```

2.4 比较

不幸的是，学术上对时间序列分析有一种倾向，即一次性分析单串或者少数的序列而不是成百上千的序列。结果，Quantmod 的建立并没有考虑稳健的批量股票抓取。如果读者运行上述几行代码，会发现 Quantmod 先加载完数据，再将它们转换成 xts 对象，然后赋值至 SPY。如果是单一的股票请求，自动化的赋值可以取消，但是如果要获取多种股票，自动化赋值就显得十分必要。取消自动化赋值使得我们完全丧失组织数据与程序化地通过列表和数据框获取它们的能力。

如果我们设法使用 Quantmod 执行算法，会在 R 环境中产生 500 个独立的变量。此外，在每两次请求之间，程序会强制中止 1 秒！我们则快速执行上述步骤，并且利用 YQL 进行更新，为了说明 Quantmod 是如何只完成了工作量的 5%，读者可以运行下述代码：

```
getSymbols(S[1:25], from = "2000-01-01)
```

如果出现与 auto.assign 相关的错误，有可能是函数 options() 改变了该变量默认值 TRUE。可以指定上述函数中 auto.assign = TRUE 进行纠正。

2.5 组织成为日期一致的 zoo 对象

这是执行算法的最后一步。我们希望允许平台为任意数量的国家的众多股票提取数据及运行策略，因此我们需要确保日期已经排列完毕并且删去了在每个国家不存在的交易日。代码清单 2-8 使用合并（merge）函数来完成该步骤。合并函数运算量比较大，因此在使用之前，我们尝试通过检查日期是否已经匹配来节省时间。如果所有被分析的股票都在美国的主要证券交易所上市，我们就不使用合并函数，因为日期本身就已经匹配。

代码清单 2-8　组织成为日期一致的 zoo 对象

```
library(zoo)

# 编译日期模板，把日期作为数据框的一列，用于合并
# 日期序列使用 YYYY-MM-DD 的格式
datetemp <- sort(unique(unlist(sapply(DATA, function(v) v[["Date"]]))))
datetemp <- data.frame(datetemp, stringsAsFactors = FALSE)
names(datetemp) <- "Date"

# 双重检验我们的数据是唯一的并且日期是递增排列的
DATA <- lapply(DATA, function(v) unique(v[order(v$Date),]))

# 创建 6 个能够容纳我们重组过数据的新对象
DATA[["Open"]] <- DATA[["High"]] <- DATA[["Low"]] <-
  DATA[["Close"]] <- DATA[["Adj Close"]] <- DATA[["Volume"]] <- datetemp
```

```
# 这个循环将接连追加内容至每只股票的Open、High、Low 等对象
for(s in S){
  for(i in rev(c("Open", "High", "Low", "Close", "Adj Close", "Volume"))){
    temp <- data.frame(cbind(DATA[[s]][["Date"]], DATA[[s]][[i]]),
                              stringsAsFactors = FALSE)
    names(temp) <- c("Date", s)
    temp[,2] <- as.numeric(temp[,2])

    if(!any(!DATA[[i]][["Date"]][(nrow(DATA[[i]]) - nrow(temp)+1):nrow(DATA[[i]])]
          == temp[,1])){
      temp <- rbind(t(matrix(nrow = 2, ncol = nrow(DATA[[i]]) - nrow(temp),
                            dimnames = list(names(temp)))), temp)


      DATA[[i]] <- cbind(DATA[[i]], temp[,2])
    } else {
      DATA[[i]] <- merge(DATA[[i]], temp, all.x = TRUE, by = "Date")
    }

    names(DATA[[i]]) <- c(names(DATA[[i]])[-(ncol(DATA[[i]]))], s)
  }
  DATA[[s]] <- NULL

  # 更新用户进度
  if( which( S == s ) %% 25 == 0 ){
    cat( paste0(round(100 * which( S == s ) / length(S), 1), "% Complete\n") )
  }

}

# 为了使用时间序列函数，声明它们为zoo 对象
DATA <- lapply(DATA, function(v) zoo(v[,2:ncol(v)], strptime(v[,1], "%Y-%m-%d")))
# 移除多余的变量
rm(list = setdiff(ls(), c("DATA", "datadir", "functiondir", "rootdir")))
```

zoo 类的注释

　　zoo 程序包和相应的 zoo 类是我们在 R 中处理时间序列数据的选择之一。另外的选择包括 xts 类和 ts 类，皆源自它们对应的程序包。我们使用 zoo 包是因为它是给时间序列数据标注和维护一串日期的最小格式。日期向量是声明 zoo 对象所必需的。从那时起，对象确保了将其作为参数的函数输出结果也是准确的、排好序的和具有日期（行）唯一性的 zoo 对象。

　　zoo 类的安全性是自然而然的结果。比如，手动地把两个 zoo 类加起来将会返回一个空的数值，即 numeric(0)，因为加号被视作非法的运算符。我们几乎不需要这样做，因为主要依靠时间序列函数来处理数据。万一我们打算使用这样非法的运算符，可以在 zoo 对象外面套上 as.numeric() 来解决。我们将会在第 7 章模拟算法部分频繁地使用这种方式。

第3章

■ ■ ■

数据准备

在本章中，我们将讨论使分析变得更快更有效的数据清洗方法。同时，也将生成一些会在分析中用到的新数据集。在本章中，你将会得到上一章在 R 环境中整理得到的列表 DATA 的最终结果以及 3 个目录变量。列表 DATA 将包含 6 个时间序列，而不是 500 多个股票代码。

3.1 处理 NA 值（缺失值）

有很多原因导致一些股票在特定的日期有 NA 值。我们需要知道为什么会出现 NA 以及怎样处理这些值以确保之后模拟的准确性。

3.1.1 注意：R 中 NA 和 NaN 的区别

R 中 NA 代表不可应用。它对于运行非常重要，因为我们可以据此找到引起数据缺失的原因。R 中 NaN 经常是由错误或不可能完成的计算导致的。NaN 代表非数字。相比 NA，它与正无穷 Inf 或负无穷 $-Inf$ 更相关。在 R 里面，对于任何一个正的标量 a，以下运算呈现的结果是：$\frac{a}{0} = Inf$、$\frac{0}{0} = NaN$ 以及 $\frac{-a}{0} = Inf$。

在本章，我们将处理 NA 而不是 NaN。如果需要，我们会找到一些办法去处理源代码中偶然出现但难以实现的计算。

3.1.2 IPO 以及加入标准普尔 500 指数

我们需要观察和了解数据，才能知道为什么出现了缺失值（NA）以及如何更好地处理它们。我们从观察 KORS 这只股票开始。Michael Kors 是一个近几年很流行的奢侈品牌。它于 2011 年 12 月上市，并在 2013 年 11 月被纳入标准普尔 500 指数。在表 3-1 中，我们可以看到数据的示例，该股票在正式公开发行日 2011 年 12 月 15 号之前，其所有指标都是 NA。

表 3-1   IPO 之前的 KORS 数据

日期	开盘价	最高价	最低价	收盘价	交易量
2011-12-12	NA	NA	NA	NA	NA
2011-12-13	NA	NA	NA	NA	NA
2011-12-14	NA	NA	NA	NA	NA
2011-12-15	25.00	25.23	23.51	24.20	42259200
2011-12-16	24.45	24.80	23.51	24.10	3998900
2011-12-19	24.50	25.09	24.31	24.88	3245500

值得注意的是，一般情况下公司在公开上市很多年后才会被纳入标普 500，因为它们需要满足流动性、托管和所有权等的各种要求。最引人注意的是，加入标普 500 要求企业市值至少达到 53 亿美元。这通常意味着，只有企业经历成长并取得成功，才可能被纳入该指数。因此，选择当前标普 500 的成分股来模拟投资策略会产生偏误，这意味我们做了这样的假设：在模拟策略的时间段内，企业始终满足该市值要求。

那些在后 IPO 时期股价享有坚实增长的小型公司才能达到标普 500 的市值要求。如果把它们被纳入标普 500 指数之前的表现带入交易策略的模拟，就会产生偏误，因为相当于在当时就把它们日后市值将达到 53 亿的信息引入了。

为了解决这种偏误，我们得确保仅用股票纳入标普 500 之后的表现来模拟策略。最理想的方式是，我们有每只股票自其加入标普 500 后的交易数据（同时股票仍是活跃的）。遗憾的是，标普 500 中许多年久的成分股的历史数据在 Yahoo!Finance 中是不完整的。

基于此，我们做出的决定将考虑当前成分股票被纳入标普 500 的日期、但并不追溯之前所有标普 500 成分股的历史数据。做出该决定源于上述讨论过的指数规则以及数据可得性，我们将努力减少因为包含未来信息而带来的偏误。如果读者使用其他数据来源扩展了交易平台，那么研究指数的资产成分及其选择标准将是非常好的事情，尽量去最小化因包含未来信息而产生偏误。

关于当前成分股被纳入指数的日期信息在网络上是分散和不完整的。我尝试去编制一个有效的股票被纳入指数的历史，然而却发现许多信息发布来源，即使是比较权威的，提供的那些在指数中已经不活跃或者在 20 世纪 90 年代后期之前加入指数的股票数据也是不完整甚至相互冲突的。但对现存于指数的成分股，我能够编制一份几乎完整无误的"进入日期"列表。利用该数据集将帮助我们消除模拟中的一个、可能是最大的一个偏差。

代码清单 3-1 将股票在加入标普之前的所有值都转换为 *NA*。如果日期丢失则都被记为 1/1/1900，因此这些股票始终纳入在内。我们数据的最早日期回溯至 2000 年 1 月 1 日，因此在这天之前就有信息的股票也始终被纳入在内。

代码清单 3-1 除去纳入标准普尔指数之前的数据

```
setwd(rootdir)

if( "SPdates.R" %in% list.files() ){
source("SPdates.R")
} else {
  url <- "http://trading.chrisconlan.com/SPdates.csv"
```

```
  S <- read.csv(url, header = FALSE, stringsAsFactors = FALSE)

  dump(list = "S", "SPdates.R")
}

names(S) <- c("Symbol", "Date")
S$Date <- strptime(S$Date, "%m/%d/%Y")
for(s in names(DATA[["Close"]])){
  for(i in c("Open", "High", "Low", "Close", "Adj Close", "Volume")){
    Sindex <- which(S[,1] == s)
    if(S[Sindex, "Date"] != "1900-01-01 EST" &
       S[Sindex, "Date"] >= "2000-01-01 EST"){
         DATA[[i]][index(DATA[[i]]) <= S[Sindex, "Date"], s] <- NA
       }
  }
}
```

这个过程会覆盖大量数据，因此会花几分钟。如果你想确认程序正在运行，可以在最后两个大括号之间的循环中输入 print(s)。在最终的源代码中，这步将作为提取和更新过程中的一部分被执行，将显著提速。

3.1.3 合并到统一的日期模板

在上一章中，我们设计出了数据的提取和更新的算法，以保证可以处理来自不同国家不同交易时间的多种股票数据。举例而言，如果我们有美国和日本的股票数据，那么在不重叠的交易日中，就会出现缺失值。传统意义上，有以下几种方法可以处理该情况，我们将进行如下讨论：

- 向前替换；
- 线性平滑替换；
- 交易量加权平滑替换；
- 不处理。

向前替换的意思是，对于 *NA* 值，用它前一交易日的数据来替代，从最早的交易日开始，不断向前滚动。线性平滑替换的意思是用离缺失值最近的前、后交易日的数据进行线性平滑。交易量加权平滑替换是在线性平滑替换的基础上，用离缺失值最近的前、后的交易量数据进行加权。下面我们将讨论不对缺失值进行任何处理的情况。

我们模拟 KORS 公司 10 天的股价，并假设需要在 2015 年感恩节和之后"黑色星期五"的周末填补上价格。代码清单 3-2 展示了我们用于该讨论的临时 zoo 数据框。

代码清单 3-2 声明为该讨论而设的临时数据

```
temp <- c(DATA[["Close"]][index(DATA[["Close"]]) %in% c("2015-11-23",
                                                        "2015-11-24",
                                                        "2015-11-25"), "KORS"],
          zoo(NA, order.by = strptime("2015-11-26", "%Y-%m-%d")) ,
          DATA[["Close"]][index(DATA[["Close"]]) %in% c("2015-11-27"), "KORS"],
          zoo(NA, order.by = strptime(c("2015-11-28", "2015-11-29"), "%Y-%m-%d")),
```

```
DATA[["Close"]][index(DATA[["Close"]]) %in% c("2015-11-30",
                                              "2015-12-01",
                                              "2015-12-02"), "KORS"])
```

3.1.4 向前替换

向前替换函数将检查向量中的最后一项是否存在缺失值，然后用离其最近的非缺失值来替换。在代码清单 3-3 中，我们将该函数传递给 rollapply()，它将长度为 n 的向量看为 n–k 个长度为 k 的切片，然后用 rollapply() 进行循环。我们需要定义变量 *maxconsec* 的值，它等于 1 加上连续的缺失值的个数。通常来说，指定一个稍微高一点的值要比计算缺失值 *NA* 的最大个数快。图 3-1 显示了向前替换的效果。

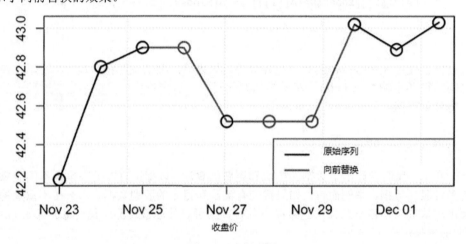

图 3-1 向前替换

我们将在之后的章节中讨论函数 rollappy() 处理 NA 的细节。现在值得注意的是，当我们指定 align="right" 时，输出中将缺少前 *width*–1=*maxconsec*–1 个元素。这意味着我们所讨论的替换方法所需要的完整数据，是通过 rollapply() 输出结果覆盖缺失值 *NA* 来实现的。

代码清单 3-3 向前替换函数

```
#  向前替换函数
forwardfun <- function(v, n) {
  if(is.na(v[n])){
    return(v[max(which(!is.na(v)))])
  } else {
    return(v[n])
  }
}

maxconsec <- 3

# 我们传入 maxconsec 到函数 rollapply() 的 "width = "
```

```
# 并且再次传入到函数 forwardfun() 的"n = "
forwardrep <- rollapply(temp,
          width = maxconsec,
          FUN = forwardfun,
          n = maxconsec,
          by.column = TRUE,
          align = "right")
```

3.1.5　线性平滑替换

对于线性平滑替换，*maxconsec* 必须为奇数并且大于连续 *NA* 的最大数量加 2。在我们的例子中，这是 5。代码清单 3-4 实现了线性平滑替换。图 3-2 显示了线性平滑和交易量加权平滑替换的效果。

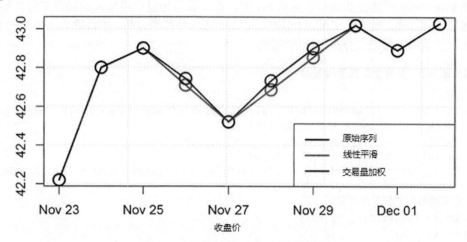

图 3-2　线性平滑和交易量加权替换

代码清单 3-4　线性平滑替换

```
# 线性平滑替换函数
linearfun <- function(v, n){
  m <- (n + 1)/2
  if(is.na(v[m])){
    a <- max(which(!is.na(v) & seq(1:n) < m))
    b <- min(which(!is.na(v) & seq(1:n) > m))
    return(((b - m)/(b - a)) * v[a] +
           ((m - a)/(b - a)) * v[b])
  } else {
    return(v[m])
  }
}


maxconsec <- 5
```

```
linearrep <- rollapply(temp,
            width = maxconsec,
            FUN = linearfun,
            n = maxconsec,
            by.column = TRUE,
            align = "center")
```

3.1.6 交易量加权平滑替换

为了研究交易量加权平滑替换，我们将声明一个变量，该变量包含来自相同时间段的 KORS 交易量。代码清单 3-5 实现了交易量加权平滑替换。我们在这里指定的 *maxconsec* 与代码清单 3-4 中相同：它为奇数且大于连续 *NA* 值的最大数目加 2。

如果 *maxconsec* 设置过低或存在拖尾 *NA* 值，则交易量加权平滑替换和线性平滑替换都会正确地返回警告和错误。当出现拖尾 *NA* 值时，相较于这两种替换方法，更稳健的方法是向前替换。我们将在下一节中进行关于替换方法的讨论。

代码清单 3-5　交易量加权平滑替换

```
voltemp <-
c(DATA[["Volume"]][index(DATA[["Close"]]) %in% c(index(temp)[1:3]), "KORS"],
    zoo(NA, order.by = index(temp)[4]),
    DATA[["Volume"]][index(DATA[["Close"]]) %in% c(index(temp)[5]), "KORS"],
    zoo(NA, order.by = index(temp)[6:7]),
    DATA[["Volume"]][index(DATA[["Close"]]) %in% c(index(temp[8:10])), "KORS"])

#  交易量加权平滑替换函数
volfun <- function(v, n, vol){
  m <- (n + 1)/2
  if(is.na(v[m])){
    a <- max(which(!is.na(v) & seq(1:n) < m))
    b <- min(which(!is.na(v) & seq(1:n) > m))
    return((((v[a] + ((m-a-1)/(b-a)) * (v[b] - v[a])) * vol[a] +
            (v[a] + ((m-a+1)/(b-a)) * (v[b] - v[a])) * vol[b]) /
            (vol[a] + vol[b]))
  } else {
    return(v[m])
  }
}

maxconsec <- 5
volrep <- rollapply(cbind(temp, voltemp),
            width = maxconsec,
            FUN = function(v) volfun(v[,1], n = maxconsec, v[,2]),
            by.column = FALSE,
            align = "center")
```

3.2 关于替换方法的讨论

为什么一般来说我们可能想使用或避免某些替换方法？哪一种将帮助我们生成最准确的模拟结果？

3.2.1 实时 VS 模拟

记住，我们替换缺失值，以便于在不同交易时间上交易的股票之间进行比较。我们要在未交易资产中插入价格变动，以便在模拟和实时交易中将其与交易资产进行比较。在这个意义上，向前替换是有利的，因为它是我们讨论的唯一一种可以在两种情况下都能够计算的替换方法。

如果借助未来的价格变动来进行数据模拟，会模拟结果无效。即使在模拟中使用未来信息不会引起严重偏差的情况下，模拟的结果也不可能在实际中再现，因为我们不能从实时交易中获得未来的信息。

向前替换不需要知道未来价格，并且在校正某些影响模拟和执行的数据异常时具有实际用途。我们将在本章后面讨论，以纠正未知原因的股价贬损。

3.2.2 对波动率指标的影响

波动率指标通常衡量的是资产价格变动函数的均值，例如样本方差是样本对均值偏离的平方的均值。

$$\hat{\sigma}^2 = \frac{\sum_{i=1}^{n}(r_i - \bar{r})^2}{n-1}$$

其中 r_i 为资产价格回报，$\bar{r}$ 为均值，一般假设其为 0。

我们使用的任何一个平滑方法会通过以下途径对波动率指标产生向下的偏差。

- 通过增加交易天数增加分母。
- 通过用许多较小的价格变化替代单个较大的价格变化来降低分子。

线性平滑替换和交易量加权平滑替换将对分子有很强的影响，因为它们平滑了价格变化。向前替换不会平滑价格变化，因此它不会改变分子的值。我们所有的替代方法将通过增加交易日增加分母。在这种情况下，什么都不做是保持波动率指标有效性的最佳选择。

表 3-2 用 KORS 的数据说明了这一概念。为了清楚起见，此示例中使用的返回值计算为百分比，而不是小数。

表 3-2		波动率指标的平滑效果	
方法	$\sum(r_i - \bar{r})^2$	n -1	$\hat{\sigma}^2$
不做任何事	4.307	5	0.861
向前替换	4.307	8	0.538

续表

方法	$\sum(r_i - \bar{r})^2$	$n-1$	$\hat{\sigma}^2$
线性平滑	2.991	8	0.374
交易量加权	3.028	8	0.378

在计算指示和绩效指标时，会频繁地计算波动率指标。很容易看到将平滑的误差引入波动率度量是会影响这些依赖于波动率的指标的，如布林带和滚动夏普比率。

3.2.3　对交易决策的影响

如果我们平滑价格并模拟交易决策，会触发资产在非交易日交易的风险，从而使模拟结果无效。我们可以通过编程调整这一点，但它会给平台带来不必要的复杂。将此功能运用到我们的平台中将需要保留对应于交易和非交易日期的布尔型变量。这将是一个大的内存牺牲，并将添加大量的表格。

3.2.4　结论

R 语言处理 NA 值很方便。许多函数都有 na.rm = TRUE 可以选择，可以在计算均值、中位数、标准差等指标时，将 NA 自动排除。如果我们不对 NA 进行处理，R 语言可以处理它们，而且还可以提醒在哪些天资产不进行交易。

为了保持数据和模拟结果的有效性，向前替换和不做任何事情是仅有的正确方法。R 语言讲究实用性精神，我们将对本节中讨论的 NA 值不做任何处理。

在股票因兼并、收购或破产而停止交易的特殊情况下，数据将从最后交易日直到现在都显示 NA 值。我们将使用向前替换的方法模拟交易者在任何时间以最后价格退出交易清空头寸的能力。

3.3　收盘价和调整收盘价

在金融文献中，通常只在使用离散时间、固定频率数据时才使用收盘价。这适用于各种指示、规则集和股票绩效指标。如果读者看到 y_t 在金融数学中被无差别地命名，他可以放心地认为它指的是收盘价。在同样的情况下，读者可以放心假设 r_t 是指收盘价的收益率或百分比变化。

当研究股票的历史数据时，通常假设读者已经因为股票分割调整了数据。在学术文献中，假设读者对现金股利进行调整的可能性较小（著名的 Black-Scholes 模型包含的股息是一个异于价格的变量）。这些是对原始收盘价简单和符合逻辑的转换，但它们需要额外的数据。在我们的例子中，我们研究的一系列股票既有支付股利的也有非支付股利的，所以符合逻辑的做法是，在股价上调整股票分割和股利，而不是对其分开定义。

Yahoo! Finance 用一个变量 Adj Close 来处理这些调整，但它只适用于收盘价。不存在调整的开盘价、调整的最高价或调整的最低价。有趣的是，Yahoo! Finance 已经通过调整交易量来反映股票分割。这种转换是直接的。我们简单地将每个股票的开盘价（Open）、最高价（High）和最低价（Low）分别与 Adj Close 和 Close 之比相乘，然后删除 Close，用 Adj Close 来替代它。由图 3-3 所示，Adj Close 更准确地表示股票的投资价值，而不是其名义价格，

图 3-3　AAPL 收盘价和调整的收盘价

3.3.1　股票分割的调整

公司会出于各种原因分割其股票。须知，不管是什么原因，股票分割不直接影响公司的市值或任何人在公司股本投资的价值。

一个 $n{:}m$ 的股票分割意味着给有 m 份股票的股东 n 份股票，从而增加了流动股 $\frac{n}{m}$ 倍，同时

股票分割第二天的开盘价等于前一天的收盘价乘以 $\frac{m}{n}$。股票分割在金融方面的影响仅仅是改变

了股价。

关于企业分割股票的动机及对市场参与者带来的心理影响有激烈的讨论。股票分割的消息本身可以暗示或肯定关于公司和股票状态的一些预测。为了模拟投资组合，我们希望可以追溯性地调整价格，模拟如果没有股票分割的情况。为此，我们需要区分股票的数值价格于公司投资价值。

Yahoo! Finance 通过用股票分割前的收盘价乘以 $\frac{m}{n}$ 来将股票分割考虑到 Adj Close 中。我们

将通过 AdjClose 和 Close 的比值来判断公司是否进行了股票分割。如果在特定时间 t 发生了股票

分割，我们将把 0, …, t-1 时期的 Open、High 和 Low 分别乘以 $\frac{m}{n}$ 进行调整。Yahoo! Finance 已经

通过将 0, …, t-1 的日交易量乘以 $\frac{n}{m}$ 来调整股票分割对整个流通股的影响。

我们将在代码清单 3-6 中，结合分红的调整，通过 R 实现算法。

3.3.2　现金分红的调整

通常公司每年或每季度提供现金分红。一般来说这些公司规模大且成熟，他们认为股票代表的不仅是对资产也是对收入的索取权。我们希望调整数据，以反映每股现金或可投资资本的增加，而无需跟踪历史现金分配。

如果公司在时间 t 分配每股 d 美元，Yahoo! Finance 通过如下因子对 $0, \ldots, t\text{-}1$ 期的股价进行调整：

$$c = 1 - \frac{d}{Close_{t-1}}$$

在模拟中，从 $t\text{-}1$ 到 t，经调整的收益率如下所示

$$r_t = \left(\frac{1}{c} * \frac{Close_t}{Close_{t-1}} \right) - 1$$

其中 $Close$ 代表的是调整前的收盘价。这样模拟了股利在分配的股票中立刻再投资的情况。这个行为在现实中不一定能实现，但是它以足够真实的方式体现例了分红带来的影响。我们不需要像调整股票分割那样调整股数，因为分红不影响流通股数。

同时考虑分红和股票分割就会产生一步一步的调整因子，股票分割的步长较大，而常规性的股票分红步长较短（季度）。图 3-4 显示了雅虎、福特以及美国银行的收盘价与经调整收盘价之比，或者是调整系数的倒数。

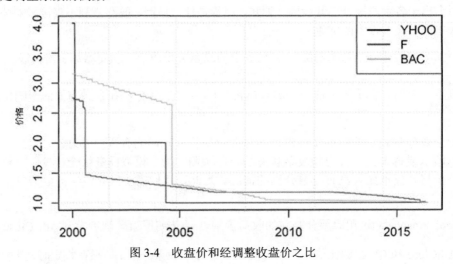

图 3-4　收盘价和经调整收盘价之比

3.3.3　有效更新和调整收盘价

基于我们对 Yahoo!Finance 收盘价的调整和调整目的的讨论，了解以下内容。

- 在当前时间 T，调整收盘价等于收盘价，换句话说从 0 到 T 时的收盘价都要根据 T 期的股票。

- 分割或分红进行调整，在 t 时期的股票分割或分红将会影响 0, …, t-1 的调整收盘价。

这是数据管理系统的一个难题，因为我们的数据管理系统是通过在数据目录中增量下载和追加来提高效率。如果股票发生股利或拆分，我们的数据目录中调整收盘价将变得无效和无用。简单来说，如果在 2016 年发放股息或进行股票分割，那么 2015 年、2014 年、2013 年等的调整收盘价都要再进行调整。

我们必须牺牲效率，以确保数据的有效性。我们将在最终源代码中修改更新过程，以下载额外几天的数据，并检查调整后的价格与存储的数据是否相等。如果发现股票具有不相等的调整价格，我们将对代码清单 2-6 进行略微修改来下载 2000 年 1 月 1 日以来的整个价格历史记录。请参阅附录 A 中的 updateStocks.R 脚本。

3.3.4　实施调整

有些事情在 R 中非常容易。利用 R，仅使用简单代码就能对具有相同维度的矩阵和数据框进行乘法运算的能力。在代码清单 3-6 中，我们将在单个计算机 CPU 上，在大约 1.3 秒内处理和写入超过 100MB 的新数据。我们将在一个新的变量 Price 中保存 Close 的数值，用于计算中间经纪人的订单大小。

代码清单 3-6.　调整 OHLC Data

```
# 生成调整因子的时间序列
MULT <- DATA[["Adj Close"]] / DATA[["Close"]]

# 将 Close 和 Open  Prices 分别存储到新的变量 "Price" 和 "OpenPrice"
DATA[["Price"]] <- DATA[["Close"]]
DATA[["OpenPrice"]] <- DATA[["Open"]]

# 调整 Open、High 和 Low
DATA[["Open"]] <- DATA[["Open"]] * MULT
DATA[["High"]] <- DATA[["High"]] * MULT
DATA[["Low"]] <- DATA[["Low"]] * MULT

# 将 Adj Close 复制到 Close
DATA[["Close"]] <- DATA[["Adj Close"]]

# 删除 Adj Close
DATA[["Adj Close"]] <- NULL
```

我们现在在 DATA 列表中有 7 个变量，调整 Open、调整 High、调整 Low、调整 Close、调整 Volume、未调整 Close 和未调整 Open。我们分别通过调用 Price 和 Open Price 来描述未调整的 Close 和 Open。未调整 Close 和 Open 被保留以用于将来的订单执行、账户管理和交易绩效评估。

3.4　检验不活跃股票

我们发现对由于股票弃用而带来的拖尾 NA 值执行向前替换是有益的。股票的弃用通常在兼并和收购中出现。向前替换拖尾 NA 值可以模拟股东在最终收盘价退出的能力，如兼并和收购的情况。

如我们在替换方法的讨论中所提到的，向前替换在校正某些数据的异常情况时具有实际应用。我们将对拖尾 NA 值执行向前替换，因为这意味着由于公司行为导致的股票不再活跃。这模拟了股东以最终收盘价退出的能力，就像导致股票不活跃的大多数公司的行为一样。这些公司行为主要是兼并和收购，但可以扩展到更多的外来的股权转让。代码清单 3-7 将对每个股票在时间上从后往前走，如果确定一个股票处于非活动状态，则执行向前替换。虽然不活跃的股票在私下仍可以转让，但是考虑到企业行为的账户标准以及依赖于交易量的计算，将股票交易量在弃用后设置为 0 是最符合逻辑一致性的。

代码清单 3-7　不活跃股票的向前替代

```
for( s in names(DATA[["Close"]]) ){
  if(is.na(DATA[["Close"]][nrow(DATA[["Close"]]), s])){
    maxInd <- max(which(!is.na(DATA[["Close"]][,s])))
    for( i in c("Close", "Open", "High", "Low")){
      DATA[[i]][(maxInd+1):nrow(DATA[["Close"]]),s] <- DATA[["Close"]][maxInd,s]
    }
    for( i in c("Price", "OpenPrice") ){
      DATA[[i]][(maxInd+1):nrow(DATA[["Close"]]),s] <- DATA[["Price"]][maxInd,s]
    }
    DATA[["Volume"]][(maxInd+1):nrow(DATA[["Close"]]),s] <- 0
  }
}
```

3.5　计算收益矩阵

在我们的模拟和优化中，有许多原因需要使用收益矩阵。最好提前计算它并保存供以后使用。

注意，收益矩阵与第 1 章中讨论的收益率序列明显不同（并且简单得多）。收益矩阵是一个简单的由每个股票每日收益构成的矩阵。我们将只计算股票调整后的收盘价。

我们将资产 j 在 t 时刻的收益定义如下：

$$r_{t,j} = \frac{y_{t,j} - y_{(t-1),j}}{y_{(t-1),j}} = \frac{y_{t,j}}{y_{(t-1),j}} - 1$$

其中代表资产 j 在 t 时刻的价格。

代码清单 3-8 将使用基本 R 函数 lag()，它将使时间序列中的每个元素后推 k 个距离。将原始数据集除以滞后数据并减去 1 得到收益率矩阵。一些 R 函数中的时间序列数据集默认为时间递减顺序。我们的数据是时间递增顺序排列的，因此我们将指定参数 k = −1 以获得相反的效果。

我们还将计算隔夜的收益，以帮助模拟在早上买入并在下午卖出的交易策略。

代码清单 3-8　计算收益矩阵

#　用 NA 填充数据，使得维度一致

```
NAPAD <- zoo(matrix(NA, nrow = 1, ncol = ncol(DATA[["Close"]])),
             order.by = index(DATA[["Close"]])[1])
names(NAPAD) <- names(DATA[["Close"]])
```

```
# 计算每日收盘价对收盘价收益率
RETURN <- rbind( NAPAD, ( DATA[["Close"]] / lag(DATA[["Close"]], k = -1) ) - 1 )
```

```
# 计算隔夜收盘价对开盘价收益率
OVERNIGHT <- rbind( NAPAD, ( DATA[["Open"]] / lag(DATA[["Close"]], k = -1) ) - 1 )
```

第4章

∎∎∎

指标

指标是交易策略的核心。它们使得交易策略独特且有利可图。它们可以是单一的计算,也可以是一连串多序列的分析。

许多技术导向的交易平台,例如 TradeStation、Metatrader 以及 Interactive Brokers 等,运行着几乎所有的数据管理过程,有常用以及自定义的指标列表也供用户选择。但这些平台通常强调可视化而不是具体的计算。我们正在建立自己的数据管理过程,因此需要基于众多股票来计算指标,并且定量而不是定性地评估它们。

如果想有效地基于一批股票来计算指标需要非常熟悉函数 rollapply()。我们给出的很多指标示例,也是据此方式构建的,以确保你可以舒适地使用该函数。此外,我们将演示如何通过在文档头部加入函数声明以及参数来更改 rollapply()函数之外的指标。

4.1 指标类型

指标具有广泛的分类。这些分类与它们如何被最佳地可视化以及选取什么类型的规则集趋向于与它们更好地配合相关。我们在这一节讨论这些问题。

4.1.1 叠加层

叠加层(outlays)指标最大的特点可以说是其标度。叠加层通常具有与底层资产相同或相似的标度,并且意在置于价格历史图表之上。常见的例子是简单移动平均线(simple moving average)、布林带(Bollinger Bands)和交易量加权平均价格(volume-weighted average price)。

其规则集通常关注价格与叠加层的交互或叠加层与自身成分的交互。这里的规则集举例如下:如果价格高于简单移动平均线,则以市场价格买入股票。

4.1.2 振荡器

振荡器(oscillators)指标的最大特点也是其标度。振荡器通常在零附近振荡。常见的例子是MACD 指标、随机振荡器指标和 RSI 指标。它们通常绘制于价格历史图表之下,因为振荡器指标不与价格共享标度。

其规则集通常关注指标与零值线或自身其他成分的交互。这里的规则集举例如下：如果 MACD 上升至零以上，则以市场价格买入股票。

4.1.3 累加器

累加器（Accumulators）指标依靠其自身在过去时段的值来计算未来值。这与大多数仅依靠价格历史而非指标历史的指标不同。它们具有与窗口长度无关的优点，因为用户不需要指定过去任何 n 个时段进行计算。这个优点纯粹是从稳健性和数学的优雅性上说的。它们通常是交易量导向型的，比如能量潮指标（On-Balance Volume）、负成交量指标（Negative Volume Index）和累积/派发线指标（Accumulation/Distribution Line）。

其规则集通常关注累加器指标与其自身平均值或最大值的关系。这里的规则集举例如下：如果负成交量指标超过其自身的移动平均值，则以市场价格买入股票。

4.1.4 模式/二元/三元

模式指标是经典的技术指标，如头肩顶。它们涉及检测数据中的一些模式，并且通过发现某些模式触发交易信号。我们使用计算机检测这些模式，指标通常被称为二元或三元，因为它们可能有两个或 3 个值，−1（空）、0（中性）和 1（多）。

其规则集很简单，因为它们本质上蕴含于指标构建之中。包括这些指标的实用规则集通常将模式指标与其他指标结合或通过索引的方式联结在一起。

4.1.5 机器学习/非可视化、黑箱

当使用机器学习方法来产生股票（交易）信号时，此时的输出通常是多维的。这些多维输出容易与经过优化以便处理它们的规则集进行交互，但通常不值得可视化。这也毫不奇怪，这些策略往往是最专有的，如果能够被正确使用，是具有极高的信息含量的。

4.2 示例指标

我们将以展示如何计算少量股票的示例指标作为开始。为了便捷，该示例中我们将声明一个股票子集以供使用。

```
exampleset <- c("AAPL", "GOOGL", "YHOO", "HP", "KORS", "COH", "TIF")
```

4.2.1 简单移动平均

$$SMA_{t,n} = \frac{1}{n}\sum_{i=0}^{n-1} y_{t-i}$$

换句话说，时刻 t 的 SMA 是 n 个最近观察值的样本均值。代码清单 4-1 使用函数 rollapply() 计算 SMA。

代码清单 4-1　使用 rollapply()计算 SMA

```
n <- 20
meanseries <-
rollapply(DATA[["Close"]][,exampleset],
s          width = n,
          FUN = mean,
          by.column = TRUE,
          fill = NA,
          align = "right")
```

4.2.2　移动平均收敛发散振荡器（MACD）

对于 $n_1<n_2$，

$$MACD_{t,n_1,n_2} = SMA_{t,n_1} - SMA_{t,n_2}$$

在代码清单 4-2 中，使用函数 rollapply()计算 MACD 指标。

代码清单 4-2　使用函数 rollapply()计算 MACD 指标

```
n1 <- 5
n2 <- 34
MACDseries <-
rollapply(DATA[["Close"]][,exampleset],
          width = n2,
          FUN = function(v) mean(v[(n2 - n1 + 1):n2]) - mean(v),
          by.column = TRUE,
          fill = NA,
          align = "right")
```

请注意，我们已按照日期升序排列了数据。在函数 rollapply()中指定其中的函数时要识别该方向。需要关注的是，如何将矢量划分成处在 n_2-n_1+1 到 n_2 之间（且包括 n_2-n_1+1）的 n_1 个整数型子集，以代表 t 时刻最为临近的 n_1 个价格的。图 4-1 显示的是截至 2016 年 6 月的多个月 GOOGL 的 MACD 指标。

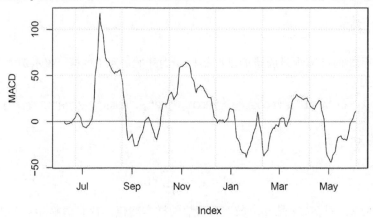

图 4-1　GOOGL 的 MACD 指标

4.2.3 布林带

布林带（Bollinger Bands）由上、中和下带组成。中间带是简单移动平均值，上、下带分别是中间带加、减两个滚动样本标准差所得。

$$\sigma_{t,n}^2 = \frac{1}{n-1}\sum_{i=0}^{n-2}(y_{t-i} - SMA_{t,n-1})^2$$

$$Middle_{t,n} = SMA_{t,n}$$

$$Upper_{t,n} = Middle_{t,n} + 2\sigma_{t,n}$$

$$Lower_{t,n} = Middle_{t,n} - 2\sigma_{t,n}$$

代码清单 4-3 使用函数 rollapply() 计算布林带。图 4-2 显示的是截至 2016 年 6 月的附有布林带的 GOOGL 历史价格图。

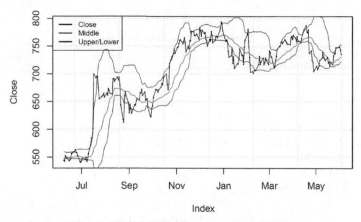

图 4-2　附有布林带的 GOOGL 历史价格图

代码清单 4-3　使用函数 rollapply() 计算布林格带

```
n <- 20
rollsd <- rollapply(DATA[["Close"]][,exampleset],
          width = n,
          FUN = sd,
          by.column = TRUE,
          fill = NA,
          align = "right")

upperseries <- meanseries + 2 * rollsd
lowerseries <- meanseries + 2 - rollsd
```

4.2.4 使用相关性和斜率自定义指标

我们将通过将价格和时间之间的滚动 R^2 乘以期间价格的平均变化来计算自定义的指标。代码清单 4-4 实现了该指标的计算，图 4-3 展示了截至 2016 年 6 月的多个月的结果。

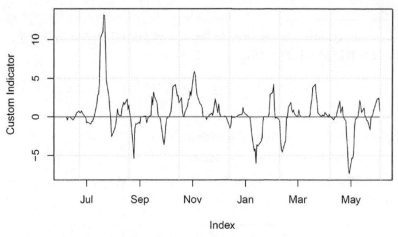

图 4-3　GOOGL 自定义指标

代码清单 4-4　使用 rollapply() 计算自定义指标

```
n <- 10
customseries <-
    rollapply(DATA[["Close"]][,exampleset],
              width = n,
              FUN = function(v) cor(v, n:1)^2 * ((v[n] - v[1])/n),
              by.column = TRUE,
              fill = NA,
              align = "right")
```

4.2.5　基于多个数据集的指标

有时指标构建将用到除收盘价格之外的数据集信息。最常见的是使用收盘价和交易量来构建指标，或使用开盘价、最高价、最低价以及收盘价来构建指标。rollapply() 函数只有一个参数留给 data =，所以我们必须调整输入及函数来适应该情况。以下将说明如何使用 rollapply() 来计算蔡金（Chaikin）资金流量指标。

$$MFV_t = \frac{2y_t + h_t - l_t}{h_t - l_t} v_t$$

这里 y_t、h_t、l_t 和 v_t 代表时刻 t 的收盘价、最高价、最低价和交易量。MFV_t 是蔡金资金流量指标的组成部分，称作资金流量交易量。n 期的蔡金资金流量指标可以用下述方式表示：

$$CMF_{t,n} = \frac{\sum_{t=0}^{n-1} MFV_{t-i}}{\sum_{i=0}^{n-1} v_{t-i}}$$

代码清单 4-5 利用 rollapply()相比较循环具有的可扩展性优势，将 close、high、low 和 volume 由函数 cbind()连接后作为单个 zoo 数据框传入。然后我们将告诉 rollapply()函数，数据框的哪个部分对应表示将在 CMFfunc()中使用的哪个系列。记录程序化地将组合数据集取子集的方法，这是对多维数据调用 apply 族函数的十分有用的概念。我们将使用 by.column = FALSE 选项，以确保我们提供给了 rollapply()数据切片而不是向量。

代码清单 4-5　使用 rollapply()计算蔡金资金流量指标

```r
CMFfunc <- function(close, high, low, volume){
  apply(((2 * close - high - low) / (high - low)) * volume, MARGIN = 2,
        FUN = sum) /
  apply(volume,
        MARGIN = 2,
        FUN = sum)
}

n <- 20
k <- length(exampleset)
CMFseries <-
rollapply(cbind(DATA[["Close"]][,exampleset],
                DATA[["High"]][,exampleset],
                DATA[["Low"]][,exampleset],
                DATA[["Volume"]][,exampleset]),
          FUN = function(v) CMFfunc(v[,(1:k)],
                                    v[,(k+1):(2*k)],
                                    v[,(2*k + 1):(3*k)],
                                    v[,(3*k + 1):(4*k)]),
          by.column = FALSE,
          width = n,
          fill = NA,
          align = "right")

names(CMFseries) <- exampleset
```

图 4-4 描述了截至 2016 年 6 月的多个月的结果。

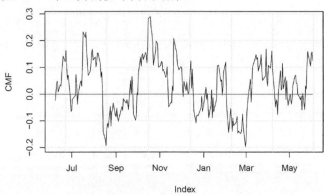

图 4-4　GOOGL 蔡金资金流量指标

注意，我们在调用 rollapply() 之外声明了函数 CMFfunc()，这样做只是为了避免单个函数代码很长。但读者会发现本书在源代码中对任何长度的函数都沿用了该做法，因为这样做能允许在文档的头部声明并编辑它们。例如，将 $n <-20$ 放在文档的头部将允许用户改变回溯值，而不用通过代码手动测试 CMFfunc() 中 n 的不同取值。

4.3　小结

什么能够构成一个好的指标？

指标需要蕴含潜在的信息才算有用。信息含量是指标所拥有的一般能力，该能力使其能与规则集合作产生好的交易决策。我们认为，随机噪声以及类似随机噪声的指标是缺乏信息的。因此当谈到信息含量时，我们假设正在讨论的指标是可以应用于符合逻辑、合理的规则集的。

使用缺乏信息的指标所产生的预期收益等于多/空策略的累计支出，以及买入持有收益减去仅做多或仅卖空策略的累计支出。具有信息含量的指标将产生完全异于随机噪声预期收益的模拟回报。即使一个策略产生极端的负回报，该指标仍将被视为具有信息含量，因为如果通过规则集执行与之相反的交易决策，是可以产生极端的正回报的。换句话说，如果一个开发者模拟一个仅做多的策略来产生极端负回报，他可能实际发现的是一个非常好的仅卖空策略。

另一种可能性是，规则集阻止了指标所包含的信息发挥作用而无法形成良好的总体性策略。诊断策略的何种组成部分会对何种行为负责，既是一门科学也是一门艺术。它要求开发人员对数据和策略之间的关系有一个充分的了解。这里有一个建议：从简单的规则集出发，确定一个复杂的指标是否值得探索；或者从简单的指标出发，确定一个复杂的规则集是否值得探索。使得交易策略开发产生回报的，往往是那些缓慢建立而趋于稳健的方案，而不是随意成分的杂糅。

第 5 章

■ ■ ■

规则集

规则集将指标与交易决策关联。我们讨论指标时给出了很多简单的例子，但当需要纳入资金管理的要素时，规则集会变得非常复杂。将规则集中交易决策与资金管理两大方面完全分离是很危险的。换句话说，我们希望攻防分离，应该通过研究和优化使这两方面以最佳的方式相互作用与补充。我们将讨论用于做出交易决策的通用规则集，这些规则集对应于某些类型的指标。然后，我们将讨论资金管理的细节，不但将其与交易决策整合在一起，也尝试将其分离。

5.1 作为嵌套函数的过程流

在本章中，你将会注意到许多在规则集中被执行的计算也可以在指标中被执行。我们从数学上定义目标函数，以便解释为什么目标是合乎情理的。最终目标是找到函数 F，使之满足：

$$F(D_t; A_t) = \Delta P_t$$

换句话说，我们想找到这样一个函数，给定账户参数 A_t——如账户大小、佣金信息、资产持有量等，它将股票数据 D_t 转换为投资组合的调整（或交易决策）ΔP_t。我们已经将分解成不同成分，包括指标函数和规则集函数 f_r，使得

$$F(D_t; A_t) = f_r(f_i(D_t); A_t) = \Delta P_t$$

在某种情况下，f_i 可以是恒等函数，这时所有的计算负荷可以放在 f_r。该讨论纯粹是为了说明为什么分离这两个函数是有益的，让你知道这样一个事实：只要规则集能够生成交易决策，中间步骤是如何分类的并不重要。

5.2 术语

以下将设定术语对规则集进行算法上的指代：
- "如果多头"是一个检测目前头寸是否是"净做多"的条件
- "如果空头"是一个检测目前头寸是否是"净卖空"的条件
- "如果中性"是检测目前头寸既不做空也不卖空的条件
- 买入 n 股
  - 如果中性，建立 n 股的多头头寸

- 如果多头，增加额外 n 股的多头头寸
- 如果空头，覆盖空头头寸并且建立 n 股的多头头寸
- 卖空 n 股
  - 如果中性，建立 n 股的空头头寸
  - 如果多头，卖出多头头寸并且建立 n 股的空头头寸
  - 如果空头，增加额外的 n 股空头头寸
- 买入以补回 n 股
  - 如果中性，该命令不会被执行因此无效
  - 如果多头，该命令不会被执行因此无效
  - 如果空头，买入 n 股以补回空头头寸
- 卖出 n 股
  - 如果中性，该命令不会被执行因此无效
  - 如果多头，卖出 n 股以削减多头头寸
  - 如果空头，该命令不会被执行因此无效
- 建立 n 股多头头寸
  - 采取必要措施建立 n 股净多头头寸
- 建立 n 股空头头寸
  - 采取必要措施建立 n 股净空头头寸
- 退出
  - 采取必要措施建立零头寸
- "以市价"
  - 以当前的内盘要价执行"买入"或者"买入以补回"的指令
    * 如果指令被拒绝，尝试再次执行
  - 以当前的内盘竞价执行"卖出"或者"卖出并结束"的指令
    * 如果请求被拒绝，尝试再次执行
- "以限价 p"
  - 接受不大于 p 的价格来执行"买入"或者"买入以补回"的指令
  - 接受不小于 p 的价格来执行"卖出"或者"卖出并结束"的指令
- "发送以市价 p 结束"
  - 以结束价 p 发送市场结束指令
- "发送结束价和限价 p_s、p_l"
  - 以结束价 p_s 和限价 p_l 发送结束指令

更复杂的指令是可能、可得的，这些最终将由经纪商决定，我们的平台不需要这些内容。

5.3 示例的规则集

我们将给出一些适用于多种类型指标的示例规则集。本节将重点关注交易决策，而不是资金管理。

5.3.1 叠加层

示例#1：单一股票简单移动平均
- 如果股价上穿 SMA，以市价买入 n 股
- 如果股价下穿 SMA，以市价卖空 n 股

评论
1. 该头寸总是多、空头居其一，不会是中性
2. 交易规模是恒定的
3. 适用单只股票交易，并且没有拓展至组合的性质

5.3.2 振荡器

示例#2：组合 MACD 指标
1. 计算每只股票滚动 20 期的夏普比率的绝对值
2. 计算每只股票的 MACD 指标
3. 这是 10 只具有最高滚动夏普比率绝对值的股票
- 如果 MACD 为正，以市价建立 $n/10$ 股多头头寸
- 如果 MACD 为负，以市价建立 $n/10$ 股空头头寸

评论
1. 该头寸总是多、空头居其一，不会是中性
2. 交易规模是恒定的
3. 较小的交易规模保证了一定的分散度
4. 该交易决策适用于股票组合

5.3.3 累加器

示例#3：组合累计/派发线
1. 该策略适用于累计/派发线（A/D）在过去 20 期都至少具有 200 期的股票
- 如果 20 交易日 MACD 上穿 0，以市价买入 $n/10$ 股
- 该情况详见规则#3
2. 该策略适用于累计/派发线（A/D）在过去 20 期都至多具有 200 期的股票
- 如果 20 交易日 MACD 下穿 0，以市价卖空 $n/10$ 股
- 该情况详见规则#3
3. 如果买入/卖空与规则#1 和规则#2 一致，将会需要超过 n 的总流通股数
- 以市场上最低的经头寸调整的 10 期滚动夏普比例退出头寸

评论
1. 该头寸总是多、空头居其一，不会是中性

2．交易规模恒定

3．较小的交易规模确保分散性

4．该策略适用于股票组合

5.4　过滤、触发以及定量的偏好

我们来看一个关于开发组合投资策略的主题，其成分可以分为过滤器、触发器或者定量的偏好等。过滤条件跨越多个时段，而触发条件跨越单个时段。过滤条件帮助选择股票，而触发条件是明确告知何时进入或退出的策略。例如，*SMA> Close* 是过滤条件，而 *SMA* 上穿 *Close* 是一个触发条件。前者在某个时间段内多个时点非真即伪，而后者在特定及孤立的时点非真即伪。

当过滤器和触发器确定的策略表示应该进行新的交易时，定量的偏好用于确定哪些股票应当退出。此外，当过滤器和触发器确定的策略表示更多的超过规则集所允许的头寸应当被加入进来时，定量的偏好可用于确定哪些股票应当增加头寸。

示例#1：单一股票简单移动平均

- 过滤

（a）没有

- 触发

（a）SMA 穿越 0

- 偏好：

（a）没有

示例#2：组合 MACD 指标

- 过滤：

（a）MACD 线的正负号

（b）最大的 10 个 20 交易日滚动夏普比率绝对值

- 触发：

（a）每期重新调整投资组合以反映过滤过程

- 偏好：

（a）没有

示例#3：组合累计/派发线指标

- 过滤：

（a）具有 20 个交易日的至少 200 期最小值的 A/D 线

- 触发：

（a）MACD 穿越 0 值

- 偏好：

（a）10 期滚动夏普比率

策略并不严格要求具有过滤器和定量的偏好，就算仅使用触发策略，单一股票的策略也可以被良好地执行。但是，组合投资策略在包括过滤器和定量的偏好以后才能显现出必不可少的稳健性。以此框架考虑投资组合的规则集可以帮助简化开发。开发人员需要认识到，传统的仅触发策略难以有效地开展工作，因为它们没有提供方式来滤掉某段时间内不想要的触发或者数量化股票头寸。

第 6 章

■ ■ ■ ■

高性能计算

在第 7 章中，我们将构建一个完整模拟器来进行首次迭代。我们需要介绍一些高性能计算的概念，以至于模拟器不会缓慢得令人痛苦。本章首先对 R 中的高性能计算进行一般性讨论，然后转向在 Windows 和 UNIX 系统中实施的方法。Windows 和 UNIX 系统需要不同的配置和程序包以满足在 R 中进行多核计算的需要。

6.1 硬件概览

了解机器的硬件对于配置高性能的计算机代码很重要。不仅如此，我们还需要了解代码如何与硬件交互，以尽可能地减少计算时间。我们将在本节讨论重要的硬件概念和术语，作为本章深入讨论软件的基础。

6.1.1 处理

计算机至少有一个处理器。处理器是计算机内执行数学计算的物理电路。处理器通常由逻辑处理单元（LPU）和数学处理单元（MPU）组成。这些是执行诸如和（and）、或者（or）、加法、减法、乘法以及除法等逻辑和数学运算的物理电路。处理器内的调度器与计算机程序合作来协调这些任务。

6.1.2 多核处理

现代计算机大多拥有多核处理器。多核处理器是单个自包含芯片，具有多个调度器、逻辑处理单元（LPU）和数学处理单元（MPU），芯片内部具有 n 个处理器。现在比较便宜的笔记本电脑至少是双核。家用电脑可以是 4 核或 6 核。服务器在极端情况下可以具有 12 核或 18 核处理器，其中许多插槽（socket）用于一次支持多个多核处理器。

插槽是处理器和主板之间的电接口。无论处理器的内部配置和类型如何，一个插槽只支持一个处理器。理论上，单个主板可以容纳无限多个插槽，这提供了在单个主板上制造出非常强大的计算机的潜力。基于这个原因，旨在用于商业服务器的商业软件通常在每个插槽而不是每个服务器的基础上定价。

6.1.3 超线程

现代处理器都内置了某种形式的超线程（Hyperthreading），这是一个由英特尔发明的概念，允许单个处理核同时运行多个线程。单个程序通常以单个线程的形式运行，例如，如果计算机正在运行 4 个程序，如因特网浏览器、照片编辑器、音乐播放器和文本编辑器，则双核机器中的任一核将通过超线程的方式得到两个线程（最终每个程序一个线程）。超线程允许计算机在单个核上模拟几乎无限数量的线程，而不是将一个核限制在单个线程。

通常，当同时运行多个不同的程序而非同一程序的多个线程时，超线程将产生最大的速度增益，这点必须要明白。因此 R 允许我们通过在每个核上分离出 n/k 个线程来在 n 核的机器上运行任何 k 个线程。理论情况下，计算机只运行 R 时，每个核运行一个线程以最小化线程管理开销。实际上，计算机有一个复杂的操作系统，许多后台和安全任务不断运行着。操作系统将阻止计算机上的每个核同时运行而不中断，我们会发现，最好将线程数量优化为大于计算机核的数量而非过大的值。

图 6-1 显示了计算机处理组件的功能图。省略号表示在单个计算机内的套接字级别、CPU 核级别以及超线程级别上进行嵌套处理。

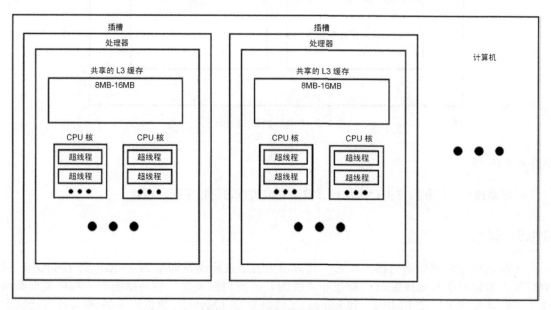

图 6-1　处理组件的功能图

图 6-2 放大 CPU 核以显示其功能组件。你可能会看到数学处理单元和逻辑处理单元被标识为整数运算单元和浮点运算单元。注意，在该图中还没有识别超线程，因为超线程实际上是调度

器的软件功能。

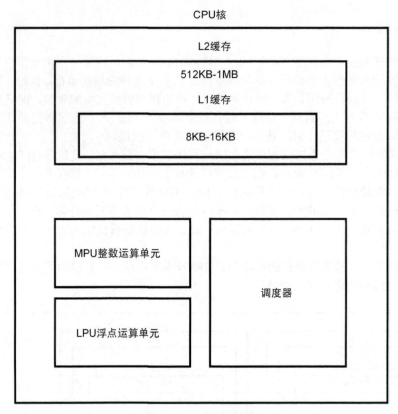

图 6-2　CPU 内核功能框图

6.1.4　内存

处理器通过访问和操控内存来进行计算。它们可以访问以下硬件模块。

6.1.5　磁盘

磁盘又被称为硬盘驱动器，在家用计算机上的磁盘驱动器通常为 250GB 到 1000GB。读取和写入数据对于常规硬盘驱动器是非常慢的。根据数据类型、驱动器类型、程序类型和操作类型，其范围可以是 1 Mb/s～50 Mb/s。二进制数据（MySQL 数据库）的读/写速度比文本数据（.csv 文件）快，固态驱动器的读/写速度比常规的旋转硬盘驱动器快，编译程序（C / C ++）的读写速度比脚本语言（R）快，并且复制/粘贴操作将比写入新数据更快。R 是一种常用的脚本语言，写入的是非二进制数据，它很少在磁盘上进行复制/粘贴操作，因此它通常是 0.5Mb /s～50Mb /s 频谱的低端操作。我们经常使用像 data.table 和 RMySQL 这样的专用包，其函数更类似于做二进制的读/写操作。

6.1.6 随机存取存储器

目前,随机存取存储器(Random Access Memory, RAM)对于笔记本电脑可以低至4GB,对于好的家用电脑可以高达16GB。服务器上的64GB RAM卡的价格高达1000美元,这将是R环境存储的位置。R环境中对象大小的总和不能超过RAM存储容量。来自R用户社区的常见投诉是,它无法在计算期间充分利用内存,这源于其处理复制操作和基本算术的方式。RAM读取和写入相较磁盘快得多。近年来,RAM是DDR3类型的,通常具有每秒5GB～20GB的读/写速度,从RAM访问二进制数据比磁盘至少快100000倍。简言之,我们要保持把需要的东西放在RAM而非磁盘以优化速度。RAM内存受到限制,并在计算机关闭时被擦除。因此,当不进行计算时,我们应将股票数据存储在磁盘中,并在运行计算时将其存入RAM。

6.1.7 处理器缓存

处理器有高速缓存,用于存储重要和临近的数据。从L1或L2缓存访问数据通常比从RAM访问数据快3～10倍,这取决于数据驻留在哪个高速缓存级别。最接近处理器的L1高速缓存的大小通常只有8KB～16KB。包含L1、L2高速缓存的大小通常为512KB～1MB。现在,每个CPU核往往有自己的L1和L2缓存。每个处理器都有一个L3缓存,存储空间为8MB～16MB,它在处理器的CPU内核之间共享。

当处理器需要一段数据时,数据首先会出现在L1高速缓存中,然后是L2高速缓存中。如果它既不在L1中又不在L2中,那么它就在L3高速缓存,之后才是RAM,再之后是磁盘,它们逐个花费指数级的更多的时间进行读取。C/C++和Fortran语言编写的低级别代码可以确保重要数据在适当的时间保存在正确的缓存中。Vanilla R没有提供适当的设施来微调缓存数据的行为模式,但它确实提供了机会,让我们访问缓存优化的二进制程序。

6.1.8 交换空间

当机器耗尽RAM的空间时,内存溢出到磁盘上,但程序会像处理RAM一样处理溢出的数据。操作系统在磁盘上定义了称为交换空间的地方,用作虚拟随机存取内存,也可简称为虚拟内存或虚拟RAM。磁盘上的交换空间量是在安装操作系统期间指定的,通常等于机器上RAM空间的一半到稍多一点(大约2GB)。在使用传统旋转式硬盘驱动器(hard disk drives, HDD)的计算机上访问这种内存非常慢,因为它直接存储在磁盘上。笔记本电脑和具有固态驱动器(solid-state drives, SSD)的专用硬件在访问交换内存时将受到更少的限制,但它会减慢程序运行的速度。

当测试R程序时,打开系统的性能监视器并在程序运行时观察RAM和交换内存是有益的。你的目标应该是不在交换内存中存储任何东西。值得注意的是,根据R发行版和操作系统,R本身不一定能在交换空间中存储内存。如果是这种情况,用完RAM后,R会崩溃或发出通知。无论

R 是否能够在特定交换空间上存储数据，它都能够优先为自己处理内存，将其他关键程序挤到交换空间运行。如果其他程序占用交换空间，将遭受同样的减速，因为后台程序在争夺内存访问和操纵交换数据。

6.1.9　软件概览

R 是一种独特且复杂的脚本语言。重要的是要知道 R 处在软件世界中的什么地位，以便更好地理解它的优势和劣势。我们将使用这些知识来编写更加快速的代码。

6.1.10　编译与解释

在本地编译型语言（如 C / C ++、Fortran 和 Visual Basic）中，开发人员的工作流涉及编程、编译和运行程序。在可以执行这些代码之前，编译器必须读取它并将其转换为机器码（也称为二进制码）。机器代码是二进制的优化的 CPU 指令。编译语言被认为是低级的，因为编译器将它们直接转换为 CPU 指令。"低级"指的是编程语言与计算机内核的接近度。编译型代码可以进行微调和优化，以便通过各种级别的内存和计算资源做出非常有效的决策。

严格的解释型语言，如 R、PHP 和 MATLAB，涉及按顺序执行预编译过的二进制代码。在这些语言中的任何单个命令将运行一系列编译子程序。例如，mean()函数依赖于多个子程序，例如矢量求和、元素计数、维度检查、NA 过滤和浮点除法。"子程序"这一术语使用得比较宽泛，因为在没有深入研究的情况下，我们不知道这些子程序在何种级别上运行。向量求和可以通过调用 R 函数 sum()在 R 级别发生，或者可以通过调用 mean()的二进制文件在编译级别发生。最后，每个指令和计算必须在编译的二进制文件中完成。如果 mean()没有自己的二进制文件，那么它依赖于 sum()、is.na()、length()和除法运算符，它们都有自己的二进制文件。

由于解释型语言的二进制文件是预编译的，所以它们可以源自任何编译语言。2016 年，BlackDuck | OpenHub 的一项研究显示，按行数计算，R 约有 40.0%的 C / C ++、27.3%的 Fortran 和 20.7%的 R。有趣的是，通过查看源代码后可以发现，R 的绘图函数几乎是纯 Fortran 的。此外，R 包可以用任何编译或解释语言构建，只要终端用户在他的机器上有合适的二进制可执行文件即可。一些重要的包已经用 Java 和 Perl 编写。

许多重要的编程语言都是混合产物，这些语言包括 Java、Python 和.NET 框架。它们都是解释型语言，对于是否要编译成字节码，这些语言要么明确要求，要么给出选项。字节码是一组与平台无关的低级指令，用于生成机器码。运行环境负责将字节码映射到机器码。这些环境包括 Java 运行环境（对 Java）和公共语言运行环境（对.NET）。

图 6-3 显示了不同编程语言的过程流，其包括一般性示例语言、编译器和运行环境。注意 R 运行环境列出 RRO / MRO（Revolution / Microsoft R Open）作为示例。这是由 Revolution Analytics 开发的经修改过的运行环境，后来被 Microsoft 购买。

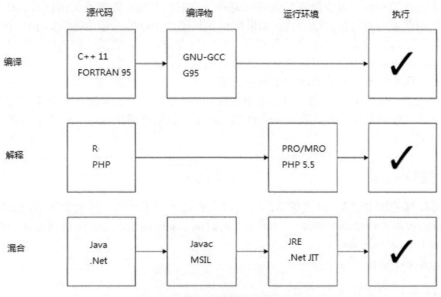

图 6-3 编译和解释型编程语言

6.1.11 脚本语言

脚本语言是为在特定领域的应用程序中快速编写或"脚本化"代码而构建的编程语言。R 是用于统计计算的脚本语言，PHP 是用于 Web 编程的脚本语言。脚本语言几乎都是解释型语言。因此，当人们将 R 称为脚本语言时，通常指出它的特定应用领域是统计计算并且它是一门解释型语言。

"脚本"这一术语通常是对某一类通用编程语言的描绘，其目标是广泛、密集、具有全系统适用性。C/C+、Java 和大多数编译语言被认为是编程语言，而 R、Python 和 PHP 等语言被认为是脚本语言。

6.1.12 速度与安全性

"安全性"的概念进一步区分了脚本语言和解释语言。在开始讨论之前，请注意，安全性只是脚本语言的典型特性，而不是必需的特性。还要注意的是，更多解释型语言的安全性可以在编译器级别实施。

安全性是一个宽泛的概念，表示在执行时段禁止非预期的存储器访问。在 R 中，对象知道自己的大小。换句话说，对象的大小和维度作为其属性存储在存储器中。当用户访问一个元素或一个对象的某些元素时，R 确保用户没有试图访问超出对象维度以外的东西。如果 R 检测到这个错误，会停止程序并报告错误消息。下一个逻辑问题是"如果我编写一个从不请求越界的元素的完美程序，情况又是怎么样的呢？"答案是 R 仍然会浪费大量时间去检验用户对对象的每一次访问。

安全性的对立面是速度。例如，如果用户正在用 C++ 处理猫和狗的图片，并且无意地访问猫的图片尺寸之外的索引，则他最终得到的可能是一张右侧是猫、左侧是狗的图片。C 和 C ++不检查索引是否在被访问对象的维度内。如果用户在长度为 100 的向量中访问第 101 个元素，不具有安全性的语言将行进到第 100 个元素右边一格的内存空间，并尝试处理该值。用户不会得到任何错误消息，也不能指望自己可以诊断和治愈这些问题。显然，当这样的程序如期工作的话，它将非常快速，因为它不需要浪费时间于检查索引。

为什么我们要调用更少的强大的二进制文件，而不是更多的通用的二进制文件呢？因为一旦 R 把工作交给二进制文件，大多数安全检查就完成了。我们希望执行较少的安全检查以尽可能地减少计算时间。

6.1.13　建议

R 是解释型的脚本语言。经过编译的二进制文件比经过编译的二进制文件序列运行起来快得多。我们将通过尽可能地减少调用二进制文件的时间、尽可能地增加在二进制文件中花费的时间来极力减少 R 脚本的计算时间。

代码清单 6-1 解释了这一点。

代码清单 6-1　二进制 vs. for 循环

```
# 在数据框中声明10mil 随机数字
df <- data.frame(matrix(nrow = 10000, ncol = 1000, runif(n = 10000 * 1000)))

# 使用for 循环计算每行的和
# 花费96.692 秒完成
v1 <- rep(NA, 10000)
for( i in 1:10000 ) {
  v1[i] <- sum(df[i,])
}

# 使用rowSums()二进制
# 仅花费0.053 秒完成
v2 <- rowSums(df)

# 结果几乎完全一样
# 下述表达式显示结果为TRUE
all.equal(v1, v2)
```

我们将在整章中讨论这个概念的细微差别。有很多方法可以调用那些看起来不直观或隐藏的单个二进制文件。另外，还有很多函数看起来像在调用单个二进制文件，但实际上它们只是缓慢的 R 循环的封装器。

6.1.14　for 循环与 apply 函数

在 R 中，许多编程难题是让我们在使用循环还是 apply 族函数中做出选择。为了说明这一点，我们将使用 for 循环和 apply 方法重新计算来自代码清单 3-8 的 RETURN 变量。

6.1.15 for 循环与内存分配

正如以上讨论的，我们希望尽可能避免使用循环，因为它们按顺序调用二进制而不是使用单个预编译的二进制文件。我们将说明如何使用 for 循环来计算收益率矩阵，并将其与其他方法进行比较。

代码清单 6-2 会触及另一个要点。R 中的内存分配速度很慢。例如下述表达式可能会完全地减缓程序的运行速度，因为其中 y 的大小是在改变的，

```
x <- 1:10
y <- x[1] * 2
for( i in 2:10 ) y <- c(y, x[i] * 2)
```

其中 c()可以是任何连接运算符，如 c()、cbind()或 rbind()。每次调用时，R 必须创建一个对应于 c(x,y)的临时变量，再重新声明（或重新分配）y 将其作为具有新维度的更大变量，然后将临时变量赋值给新 y。记住，一般来说这还是不错的，但是这样的表达式在构建更大的数据集时往往是内嵌在循环中。如果表达式如下，程序可能会运行得更快：

```
z <- rep(numeric(), 10)
x <- 1:10
for( i in 1:10 ) z[i] <- x[i] * 2
```

第 2 个代码片段末尾的向量 z 与第 1 个代码片段末尾的 y 相同。向量 z 在开始时就声明为具有 10 个数字元素（或预分配）的对象，从而允许 R 仅进行一个内存分配，但是具有十个等价的赋值。

为了说明这一点，代码清单 6-2 使用了在代码清单 3-7 中计算的 RETURN 矩阵来说明这一点。预分配和再分配两个方法会产生非常显着的时间差别。

注意，我们将在本章中多次重新计算收益率矩阵。为了简洁起见，我们将集中于计算，而不是格式化处理及其他后处理。这意味着由于维度、对象类型和属性可能不同，函数 all.equal()可能输出令人困惑的结果。我们计算的所有版本的 RETURN 矩阵将包含相同的数据，但格式不同。代码清单 3-8 中使用了最快的方式计算并按预设格式输出了 RETURN 矩阵。

代码清单 6-2　预分配 vs. 再分配

```
# 在 for 循环中进行连续的再分配
RETURN <- NULL
for(i in 2:nrow(DATA[["Close"]])){
  RETURN <- rbind(RETURN, t((matrix(DATA[["Close"]][i, ]) /
                            matrix(DATA[["Close"]][i-1, ])) - 1))
}
RETURN <- zoo( RETURN, order.by = index(DATA[["Close"]])[-1])
#  99.68 秒

# 预分配空间然后在 for 循环中计算
RETURN <- zoo(matrix(ncol = ncol(DATA[["Close"]]),
                     nrow = nrow(DATA[["Close"]])),
```

```
                        order.by = index(DATA[["Close"]]))

for(i in 2:nrow(DATA[["Close"]])){
  RETURN[i,] <- t((matrix(DATA[["Close"]][i, ]) / matrix(DATA[["Close"]][i-1, ])) - 1)
}
# 54.34 秒
```

6.1.16　apply 族函数

apply 族函数是 R 语言的基石之一，它们包括 R 中的 apply()、lapply()、sapply()和 vapply()等函数。类似 zoo 这样的程序包具有特定领域的功能实现，就像 rollapply 对于时间序列一样。apply 族函数由于它们的可扩展性显得非常有用。许多多核程序包将很容易接受 apply 族的函数，并且应用函数在 apply 之外被很清晰地修改。我们将在本章中大量使用这些函数。

apply 族函数经常被误解为必然比 for 循环更快。它们在一些情况下确实可以更快，但并不是必然的。驳斥 apply 族函数会更快的论据是，它们实际上依赖于 R 平台来运行循环。这引出了一个术语"循环隐藏"，表面上看 apply 族函数比循环更好，但实际上它只是一个聪明、灵活的封装器。

apply 族函数默认设置是给被赋值的变量预分配内存，却包含了大量出于安全性和一般性目的而设的内部结构，因而减缓了函数的运行速度。一个高效写成的 apply 族函数将比一个高效写成的循环稍慢，但是更具一般性。代码清单 6-3 使用 rollapply()以两种不同的方式计算了 RETURN 矩阵。思考 apply 族函数的内部工作原理可以想办法帮助它们提速。

　　代码清单 6-3　写一个高效的 apply 族函数

```
#   逐元素使用 rollapply()
RETURN <- rollapply(DATA[["Close"]],
            width = 2,
            FUN = function(v) (v[2]/v[1]) - 1,
            align = "right",
            by.column = TRUE,
            fill = NA)
#   105.77 秒


#   逐行使用 rollapply()
RETURN <- rollapply(DATA[["Close"]],
            width = 2,
            FUN = function(v) (v[2,]/v[1,]) - 1,
            align = "right",
            by.column = FALSE,
            fill = NA)
#    65.37 秒
```

6.1.17　创造性地使用二进制

写这部分的目的是回到我们的出发点——二进制文件具有更快的运行速度。有时，没有明确的方式告诉我们如何利用现有的二进制文件，如代码清单 6-1 中的 rowSums()，所以你必须寻找一个更具创意的方式来保持二进制内部的循环。解析代码清单 6-4，我们可以看到除法运算符、lag()函数和减法运算符等。在确认维度和类一致后，所有的操作都在二进制内部进行循环进行。下面代码的运行速度比本章中下一个最佳解决方案快 100 倍。

代码清单 6-4　使用二进制计算收益率矩阵

```
# 使用代码清单 3.8 中介绍的 "Lag" 方法
RETURN <- ( DATA[["Close"]] / lag(DATA[["Close"]], k = -1) ) - 1
# 0.459 秒
```

表 6-1 罗列了我们在本章中观察到的计算时间。对于那些由于结构原因使得执行再分配变得不合逻辑的函数，"再分配"这列为空。我们将在本章之后的部分，在表 6-1 的基础上，扩展更多的函数及其多核变化。

表 6-1　　　　　　　　　　　　　收益率矩阵的计算时间（秒）

函数	粒度	预分配	再分配
for()	行	54.34	99.68
rollapply()	元素	105.77	NA
rollapply()	行	65.37	NA
x/lag(x) - 1	数据库	0.459	NA

6.1.18　测量计算时间的说明

有很多方法来测量 R 的计算时间，其中最直接的方法是函数 proc.time()。将函数的输出保存在变量中，执行函数，然后打印 proc.time()当前值与前次值的差值。在 proc.time()中有 3 个值，用户只需要第 3 个值即可。

```
proc.time()

##    user  system  elapsed
##   1.793   0.154    2.299
```

用户时间是由操作系统生成的近似数字，表示在进程级别执行用户指令所用的 CPU 时间（以秒为单位）。系统时间表示在系统级别执行用户指令的 CPU 时间（以秒为单位）。这两个定义引发了不必要的困惑，其实准确地讨论 CPU 时钟的细微差别对于优化 R 代码并不是必需的。我们只关心第 3 个值（所用时间）。关于任何代码计算时间的实用方法，请参见代码清单 6-5。该方法在本章中用于计算时间。

使用该方法时，请确保将整段代码块同时发送到控制台（console），或者使用源函数或点击 Run 按钮运行整个脚本。我们不希望打字速度影响时间测量的结果。

代码清单 6-5　测量计算时间

```
timeLapse <- proc.time()[3]
```

```
for( i in 1:1000000) v <- runif(1)
proc.time()[3] - timeLapse
```

```
##    经历 1.826 秒
```

6.2　R 中的多核计算

本节将探讨 R 中针对 UNIX 和 Windows 系统的多核计算，介绍最灵活的用于多核 CPU 计算的程序包。我们将区分 UNIX 和 Windows 的并行后端，但关注支持任何操作系统的并行后端的多核程序包。本节将介绍对任何语言都适用的可以扩展到多核计算的整数映射概念，也将讨论 R 中的多核计算与其他语言在灵活性和内存效率方面的差异。

6.2.1　令人尴尬的并行过程

短语 "尴尬的并行" 是由经验丰富的程序员创造的，他们观察到其同行经常忽略并行化那些简单的进程。如果使用低级语言而不对那些 "尴尬的并行过程" 进行并行化，简直相当于 "犯罪"，因为该程序将浪费大量的时间，但这是可以通过少量编程工作来节省的。以下是一些令人尴尬的并行过程的例子。

- 将数百个图像从彩色转换为灰色。
- 在 Web 服务器上向许多用户提供文件。
- 简单的强力搜索。
- 累加数百万个浮点数。
- 生成拔靴法（bootstrap）估计。
- 生成蒙特卡罗模拟。

当各个进程在计算期间需要彼此交流时，算法可能难以并行化。如果一个算法可以通过拆分数据，将其中一块传递给每个进程并汇总结果，则并行化是很容易的。RETURN 矩阵的计算是一个令人尴尬的并行过程。我们将研究确定它能否从并行化中获得了显著的速度提升。

记住，"尴尬的并行" 是一个没有实际负面含义的技术性短语，令人尴尬的并行过程不一定容易编程。R 没有机制让我们在多核计算的进程之间进行通信，因此大多数操作将是 "尴尬的并行"。最重要的是，记住 R 是一个解释型语言，所以使用纯二进制文件的速度增益几乎总是超过并行化 for 循环或其他隐藏循环的函数。

6.2.2　doMC 和 doParallel

程序包 doMC 在 foreach 包和 parallel 包之间提供了一个接口，使用 UNIX 系统调用 fork 在 k 个独立的核上重复运行互不相关的 R 过程 n 次。

根据文档，进程应该在大多数情况下共享内存，但是如果它确定进程正在修改数据，则将在父环境中复制数据。我们通常假设并行后端为每个进程复制内存，因为这种行为是特定于操作系统而未做严格说明的。这是在测试多核代码时密切关注内存、交换内存以及 CPU 利用率的重要原因。如果进程溢出到交换内存或抛出了内存不足的错误，说明它正在复制父环境，你可能需要考虑减少进程数或在单个核上的执行算法。

代码清单 6-6 和 6-7 分别显示如何在 UNIX 和 Windows 系统中注册并行后端。*workers* 这个变量声明想要触发的并行数。计算机将以循环方式处理可用 CPU 的核，所以将 *workers* 设置为高于机器中的物理 CPU 核心数的值将触发超线程。如在本书先前提到的，这在将与交易平台并发地运行其他非 R 进程的机器上可能是有利的。我们将在本章稍后部分研究这种行为。

代码清单 6-6　在 UNIX 中注册并行后端

```
library(doMC)
workers <- 4
registerDoMC( cores = workers )
```

Windows 中的并行后端依赖于 base R 函数 system()来启动多个独立的 R 运行时环境。这在 UNIX 中是可能的，却因 R 和 fork 有内存共享而禁止。R 中的运行系统“command = "Rscript scriptname.R ..."”等效于在 UNIX 或 Windows 终端中运行“Rscript scriptname.R ...”。Rscript 终端命令获取 R 脚本的路径和参数列表，并运行没有 GUI 的 R 脚本。Windows 的并行后端执行此功能以尝试模拟 UNIX 的 fork。在现实中，它的操作与 fork 非常不同。与共享内存不同，每个 R 实例都有自己的全局环境，这是为了模仿从中调用 foreach()的函数级环境。这解决了编码不一致和内存效率低的问题，使 Windows 用户的开发过程变得复杂。我们将在第 6 章和附录 B 中继续讨论和扩展这些问题。

代码清单 6-7　在 Windows 中注册并行后端

```
library(doParallel)
workers <- 4
registerDoParallel( cores = workers )
```

6.2.3　foreach 程序包

现在我们已经注册了一个并行后端，我们可以使用 foreach 包来并行化计算。该软件包提供了一个直观且灵活的接口，用于调度作业以分离 R 进程。它的工作原理就像一个典型的 R 式 for 循环，但有一些注意事项。给定一个迭代器变量 i，它将在 i 的循环范围中为每个值分派一个进程。如果提供多个迭代器 i 和 j，则它将调用 i 和 j 中元素较小者对应数目的进程，这意味着没有再循环。技术上并不需要提供多个迭代器，所以我们总是只提供一个迭代器。默认情况下，结果将以列表形式返回。我们通常会指定.combine 参数与函数 c()、rbind()或 cbind()，使函数知道我们想要的结果要以连接的矢量或数据框的形式返回。代码清单 6-8 给出了 foreach()返回结果的示例。

代码清单 6-8　foreach 程序包的例子

```
library(foreach)
```

```
# 返回一个列表
foreach( i = 1:4 ) %dopar% {
  j <- i + 1
  sqrt(j)
}

# 返回一个向量
foreach( i = 1:4, .combine = c ) %dopar% {
  j <- i + 1
sqrt(j)
}

#  返回一个矩阵
foreach( i = 1:4, .combine = rbind ) %dopar% {
  j <- i + 1
  matrix(c(i, j, sqrt(j)), nrow = 1)
}

#  返回一个数据框
foreach( i = 1:4, .combine = rbind ) %dopar% {
  j <- i + 1
data.frame( i = i, j = j, sqrt.j = sqrt(j))
}
```

显然，这些示例太小以致于无法通过多核处理改善效率。它们几乎都比较慢，因为进程通信花费的工作负载大于数学的运算量。在下一节，我们将使用设置好的软件来加速指标的计算。

6.3　实践中的 foreach 程序包

当并行化那些最简单的过程时，我们也依然面临着一些有趣的数学挑战。我们将讨论整数映射、输出汇总和负载平衡。

6.3.1　整数映射

整数映射涉及将数值问题分解为大小相等的部分。对于简单的问题，整数映射过程是直接的，如计算每行的和。对于 4 个进程中的 100 行，把 1～25 行分派给进程 1，把 26～50 分派打包给进程 2，以此类推。对于更复杂的过程，如移动平均值，窗口大小的选取使整数映射复杂化。数据行数为 100 的长度为 5 的移动平均将返回 96 行。为了确保每个进程可计算 24 行并且有足够的数据可用，我们将 1～28 行分派到进程 1，25～52 行分派到进程 2，49～76 行分派到进程 3，73～100 行分派到进程 4。

当行数不能被进程数整除时，问题变得更加复杂。我们将通过构建一个算法来讨论，该算法用于整数映射右对齐时间序列的计算，假设每行占用相等的时间进行计算。

这里有几点事实需要考虑的：

- 计算窗口长度为 k、投入行数为 n 的右对齐时间序列将产出 $n_o = n - k + 1$ 行；

- 合适地派发到 p 个过程进行计算，每个过程将有最大 $\left\lceil\dfrac{n_0}{p}\right\rceil$、最小 $\left\lceil\dfrac{n_0}{p}\right\rceil - p + 1$ 行产出；

- 考虑到输出和输入有相同行数的情况，我们必须通过追加 $k-1$ 行 NA 值到输出的开头来模仿 rollapply(... , fill = NA)。

代码清单 6-9 声明了函数 delegate()，在给定 n 行数据、窗口大小 k 以及 p 个总进程的情况下，该函数返回进程 i 所需行的索引。

代码清单 6-9　对于多核时间序列计算的整数映射

```
delegate <- function( i = i, n = n, k = k, p = workers ){
  nOut <- n - k + 1
  nProc <- ceiling( nOut / p )
  return( (( i - 1 ) * nProc + 1) : min(i * nProc + k - 1, n) )
}

# 检验 i 从 1 到 4 来确认它能够匹配我们的例子
lapply(1:4, function(i) delegate(i, n = 100, k = 5, p = 4))
```

我们将在整章中和平台中使用这个函数，将 foreach 的运用变得更加方便。

6.3.2　使用 foreach 计算收益率矩阵

代码清单 6-10 将显示如何在 foreach() 中使用 for 循环来计算收益率矩阵。代码清单 6-11 将使用 rollapply()。我们将根据表 6-1 中的基准性能对示例进行测试。

代码清单 6-10　使用 foreach 和 for 循环计算收益率矩阵

```
k <- 2

# 使用 for 循环进行预分配
RETURN <- foreach( i = 1:workers, .combine = rbind,
                   .packages = "zoo" ) %dopar% {

  CLOSE <- as.matrix(DATA[["Close"]])
  jRange <- delegate( i = i, n = nrow(DATA[["Close"]]), k = k, p = workers)

  subRETURN <- zoo(
    matrix(numeric(),
           ncol = ncol(DATA[["Close"]]),
           nrow = length(jRange) - k + 1),
    order.by = (index(DATA[["Close"]])[jRange])[-(1:(k-1))])

  names(subRETURN) <- names(DATA[["Close"]])

  for( j in jRange[-1] ){
    jmod <- j - jRange[1]
    subRETURN[jmod, ] <- (CLOSE[j,] / CLOSE[j-1,]) - 1
  }
```

```
    subRETURN

}
```
 # 6.99 秒完成

这些结果确实令人困惑。理论上，将算法分解成 *p* 个并行进程其速度增加应该不超过 *p* 倍。在这里，我们看到使用 4 个进程后速度增加了近 8 倍。这证明了我们应该测试 R 中的一切，因为我们无法预测语言及其包的每一个行为和癖好。

不得不提的是，这个代码在具有 12 个 CPU 内核和 64GB 内存的 Red Hat Linux 企业版服务器 7.1 版本上运行。在 Red Hat 中通过 fork 系统调用进行内存共享的效率可能超过其他操作系统，并且这在没有 fork 调用的 Windows 系统中无法复制。此外，R 进程不享有特定的核；相反，它们在核之间漂移，即使在满负载时（其中进程数目等于核的数目）也如此。在 12 核机器上运行 4 进程以提高缓存效率的方式可能会出人意料。

代码清单 6-11 使用 rollapply()计算收益率矩阵

```
#  使用 rollapply()，  自动预分配
RETURN <- foreach( i = 1:workers, .combine = rbind,
                   .packages = "zoo") %dopar% {

  jRange <- delegate( i = i, n = nrow(DATA[["Close"]]), k = k, p = workers)

  rollapply(DATA[["Close"]][jRange,],
      width = k,
      FUN = function(v) (v[2,]/v[1,]) - 1,
      align = "right",
      by.column = FALSE,
      na.pad = FALSE)

}
```
 # 22.58 秒完成

乍一看这些结果更有意义。我们通过分发到 4 个进程使速度提高了约 2.9 秒。做一个粗略的解释的话，我们可以说，速度增加归因于分布到 4 个进程，并且 2.9 和 4 之间的差异是由于进程之间的通信开销造成的。从代码清单 6-10 可以看出，这个解释可能没有涵盖所有的基础，我们无从知晓这背后所发生的一切。

在我看来，相当大量的 R 的计算时间动态学很难让人明白，因为它们需要研究人员和读者接受未知的行为。这里恳请用户接受这些未知的行为，并利用它们来获得速度上的提升。

请记住，计算收益率矩阵是一个微不足道的例子，因为我们已经有一个非常快的方法可以计算它，而循环内置在 C / C ++ 之中。以下部分将介绍一个示例，该示例使用 foreach()的计算指标和规则集。

6.3.3 使用 foreach 计算指标

当计算指标时，我们将最大程度地利用 foreach()。使用 R 二进制文件构建解决方案变得更加

困难，因为指标变得更加复杂和个性化。我们将讨论第 4 章中介绍的指标计算。代码清单 6-12
使用 foreach()计算了一些简单的移动平均值。

代码清单 6-12　多核时间序列计算的包装函数

```
mcTimeSeries <- function( data, tsfunc, byColumn, windowSize, workers, ... ){

  # 为了Windows 的兼容性
  args <- names(mget(ls()))
  export <- ls(.GlobalEnv)

  export <- export[!export %in% args]

  # foreach
  SERIES <- foreach( i = 1:workers, .combine = rbind,
                     .packages = loadedNamespaces(), .export = export) %dopar% {

    jRange <- delegate( i = i, n = nrow(data), k = windowSize, p = workers)

    rollapply(data[jRange,],
      width = windowSize,
      FUN = tsfunc,
      align = "right",
      by.column = byColumn)

  }

  # 正确格式化列名以及维度
  names(SERIES) <- gsub("\\..+", "", names(SERIES))

  if( windowSize > 1){
    PAD <- zoo(matrix(nrow = windowSize-1, ncol = ncol(SERIES), NA),
               order.by = index(data)[1:(windowSize-1)])
    names(PAD) <- names(SERIES)
    SERIES <- rbind(PAD, SERIES)
  }

  if(is.null(names(SERIES))){
    names(SERIES) <- gsub("\\..+", "", names(data)[1:ncol(SERIES)])
  }

  # 返回结果
  return(SERIES)

}
```

你会注意到，这只是对代码清单 6-11 中第 1 个多核 rollapply()实现的一个细小的修改。
这个修改使得通过交换函数声明、窗口大小和 byColumn 参数来计算时间序列的指标和规则集变得非常容易。我们将在代码清单 6-13 中快速说明如何使用少量代码来计算第 4 章中的指标。该函数的所有输出具有与原始输入数据相同的行数，相同的 order.by 属性和相同的列名。你甚至可以使用 cbind() 绑定 OHLC 数据，并且仍然会得到正确数目的列以及正确的列名。

代码清单 6-13　使用我们多核包装计算招标

```
#  计算收益率矩阵
tsfunc <- function(v) (v[2,] / v[1,]) - 1
RETURN <- mcTimeSeries( DATA[["Close"]], tsfunc, FALSE, 2, workers )

#  计算简单移动平均
SMA <- mcTimeSeries( DATA[["Close"]], mean, TRUE, 20, workers )

#  计算MACD, n1 = 5, n2 = 34
tsfunc <- function(v) mean(v[(length(v) - 4):length(v)]) - mean(v)
MACD <- mcTimeSeries( DATA[["Close"]], tsfunc, TRUE, 34, workers )

#  计算布林带, n = 20, scale = 2
SDSeries <- mcTimeSeries(DATA[["Close"]], function(v) sd(v), TRUE, 20, workers)
upperBand <- SMA + 2 * SDSeries
lowerBand <- SMA - 2 * SDSeries

#  计算代码清单4.3 中的个性化指标
tsfunc <- function(v) cor(v, length(v):1)^2 * ((v[length(v)] - v[1])/length(v))
customIndicator <- mcTimeSeries( DATA[["Close"]], tsfunc, TRUE, 10, workers )

#  计算蔡金资金流量指标, n = 20, 使用代码清单4.5 中的函数CMFfunc()
cols <- ncol(DATA[["Close"]])
CMFseries <- mcTimeSeries( cbind(DATA[["Close"]],
                                 DATA[["High"]],
                                 DATA[["Low"]],
                                 DATA[["Volume"]]),
                           function(v) CMFfunc(v[,(1:cols)],
                                               v[,(cols+1):(2*cols)],
                                               v[,(2*cols + 1):(3*cols)],
                                               v[,(3*cols + 1):(4*cols)]),
                           FALSE, 20, workers)
```

使用封装函数，平均来看，时间序列计算仅需要大约两行代码，而速度快了不止 P 倍。此外，在封装函数之外声明函数的参数允许我们在代码的任何地方修改它们。最有用的应用程序是将指标的函数声明放在代码的顶部，以便于调整。不断增长的基础代码真的值得称为"平台"，因为它提供了其他商业交易平台（例如，TradeStation、Metatrader）的扩展功能，允许用户更改指标，以及在文档头部仅用一行代码就可以修改更多的内容。当在第 7 章构建第 1 个回测器的时候，将大量使用该多核封装器，并且清理 R 环境来做好准备。

```
rm(list = setdiff(ls(), c("datadir", "functiondir", "rootdir",
```

```
                      "DATA", "OVERNIGHT", "RETURN",
                      "delegate", "mcTimeSeries", "workers")))
gc()
```

```
##           used (Mb) gc trigger (Mb) max used (Mb)
## Ncells 538982 28.8    1168576 62.5  1168576 62.5
## Vcells 869518  6.7    3090461 23.6  3087872 23.6
```

第7章

■ ■ ■

模拟和回测

在本章中，我们将使用迄今为止建立的数据和函数来构建一个回测器，模拟给定策略的交易结果。在模拟器中，运行几个示例策略，并在构建示例策略时引入许多实际的交易因素。

回忆一下，在第 5 章中，我们从接受股价数据 D_t 及账户变量 A_t 的复合函数中，建立了指标和规则集，用以输出资产组合的价格调整 ΔP_t，过程如下所示：

$$f_r(f_i(D_t); A_t) = P_t$$

其中，f_r 和 f_i 分别指规则集函数和指标函数。我们将使用第 6 章中的多核函数，通过遍历时间的循环，从股票数据和账户变量中获得计算 ΔP_t 的正确输入。

7.1 交易策略示例

示例#1：仅做多的资产组合 MACD 策略

1. 计算每只股票 20 天滚动的夏普比率。
2. 计算每只股票的 MACD，其中取短期时长 n_1=5，长时长 n_2=34。
3. 定义 k 为头寸数量，K 为最大头寸数量，K=10；定义 C 为未投资的现金量。
4. 对于期间滚动夏普比率高于 80%分位数的股票。
- 如果 MACD 上穿 0 值线：
  - 如果已经持有最大仓位 K，则在市场卖出滚动夏普比率最低的股票；
  - 买入 $\dfrac{C}{(K-k)}$ 美元的触发股票。

示例#2：组合布林带策略

1. 计算每只股票 20 天滚动标准差。
2. 计算每只股票 20 天和 100 天的移动平均。
3. 定义 k 为头寸数量，K 为最大头寸数量，K=20；定义 C 为未投资的现金量。
4. 定义 $b_t = \dfrac{Close - SMA_{t,20}}{\sigma_{t,20}}, B_t = \dfrac{SMA_{t,20} - SMA_{t,100}}{\sigma_{t,20}}$。
5. 对于 $1 \leqslant B_t \leqslant 3$ 的股票。

- 如果 b_t 下穿-2 值线，在市场上建立价值为 $\dfrac{C}{K-k}$ 的多头头寸。

6. 对于$-3<B_t\leqslant1$ 的股票：

- 如果 b_t 上穿 2 值线，在市场上建立价值为 $\dfrac{C}{K-k}$ 的空头头寸。

7. 对于 $B_t\geqslant3$ 的股票：

- 如果 b_t 上穿 2 值线，在市场建立价值为 $\dfrac{C}{K-k}$ 的空头头寸。

8. 对于 $B_t\leqslant-3$ 的股票：

- 如果 b_t 下穿-2 值线，在市场上建立价值为 $\dfrac{C}{K-k}$ 的多头头寸。

9. 对于所有头寸：

- 当 B_t 穿过 0 时，在市场上退出头寸。

10. 对于所有多头头寸：

- 如果 b_t 上穿 2 值线，在市场上退出头寸。

11. 对于所有空头头寸：

- 如果 b_t 下穿-2 值线，在市场上退出头寸。

12. 如果引入新的头寸，会使持有超过最大头寸数 K=20 只股票

- 先退出现有平均收益最小的股票的头寸，再引入新的头寸。

示例#3：组合 RSI 反转策略

1. 计算每只股票 20 天的平均真实波动范围 $ATR_{t,20}$。

2. 计算每只股票 20 天的相对强弱指标 $RSI_{t,20}$。

3. 计算每只股票 100 天滚动的最低价格 $MIN_{t,100}$ 和 100 天滚动的最高价格 $MAX_{t,100}$。

4. 定义 k 为头寸数量，K 为最大头寸数量，$K=20$；定义 C 为未投资的现金量。

5. 定义 $m_t^+=\dfrac{MAX_{t,100}-Close_t}{ATR_{t,20}}$，定义 $m_t^-=\dfrac{Close_t-MIN_{t,100}}{ATR_{t,20}}$。

6. 对于的股票 $m_t^+\leqslant2$：

- 当 $RSI_{t,20}$ 下穿 70 值线时，在市场上建立价值为 $\dfrac{C}{(K-k)}$ 的空头头寸。

7. 对于的股票 $m_t^-\leqslant2$：

- 当 $RSI_{t,20}$ 上穿 30 值线时，在市场上建立价值为 $\dfrac{C}{(K-k)}$ 的多头头寸。

8. 对于所有多头头寸：

- 当 $RSI_{t,20}$ 上穿 70 值线时，在市场上退出头寸；
- 当 $RSI_{t,20}$ 下穿 15 值线时，在市场上退出头寸。

9. 对于所有空头头寸：

- 当 $RSI_{t,20}$ 下穿 30 值线时，在市场上退出头寸；

- 当 $RSI_{t,20}$ 上穿 85 值线时, 在市场上退出头寸。
10. 如果引入新的头寸, 会使持有数超过最大头寸数 $K=20$ 只股票。
- 先退出现有平均收益最小的股票的头寸, 再引入新的头寸。

7.2 模拟工作流程

代码清单 7-1 是一个大型函数, 用以模拟资产组合策略的绩效。它旨在通过最小化那些在函数外部计算得到的输入以及指定投资组合策略的重要特征来平衡速度和灵活性。阅读代码不是对所有读者都很有效, 所以我们将先在伪代码中讨论算法的步骤, 同时确保在代码中标注伪代码的相应部分。

7.2.1 代码清单 7-1: 伪代码

1. 检查 ENTRY、EXIT 和 FAVOR 是否和 DATA[["Close"]]的维度相匹配, 如果不匹配, 就会提示错误。
2. 根据函数输入分配账户变量。为股票计数矩阵 P, 进入价格矩阵 p, 股票曲线向量权益 *equity* 和现金向量 C 分配空间。注意, 计数矩阵 P 用负数来表示空头。
3. 开始逐步优化。针对每一个交易日, 循环第 4~12 步。
4. 将上一期的头寸和现金带到下一期来。
5. 根据 ENTRY, 决定新引入哪只股票。如果数量超过了 K, 那么根据 FAVOR 的偏好来进行删除。
6. 根据基于 EXIT 的触发器决定哪些股票退出。
7. 根据每个时间点可持有的最大资产数目 K 来决定是否有更多的股票需要退出。根据 FAVOR 的偏好来决定哪些股票需要退出。
8. 最终形成退出股票的向量。
9. 退出所有被标记为退出的股票。
10. 加入所有被标记为进入的股票。
11. 对活跃的头寸进行循环, 决定当期的权益。
12. 如果 verbose=TRUE, 则每 21 个交易日(大约每月)输出一次优化诊断。
13. 返回权益曲线、现金向量、股票计数矩阵和进入价格矩阵。

7.2.2 代码清单 7-1: 对输入的解释及用户指南

- OPEN 大多数时候将存储在 DATA[["Open"]]中。它在第 8 章中将作为交叉验证和优化的重要输入部分。记住, 由于数据的性质, 我们以开盘价进行交易。在收盘后至少 15 分钟后, 可以获得当天的收盘价, 因此, 下一次可以进行交易的机会是第二天开盘的时候。
- CLOSE 大多数时候将存储在 DATA[["Close"]]中。与 OPEN 相似, 它也第 8 章的重要输入。
- ENTRY 是 zoo 对象。它与 DATA[["Close"]]有相同的维度。它指定了在何时有哪些股票进入。0 代表没有操作, 1 代表多头头寸, −1 代表空头头寸。由 ENTRY 触发进入的股票

将分配到价值 $\dfrac{C}{(K-k)}$ 的头寸，无论是多头还是空头。如果 ENTRY 指示了多于 K 个股票要被加入，那么就会根据偏好来选择 K 个股。

- EXIT 是一个 zoo 对象。与 DATA[["Close"]]有相同的维度。它指定了在何时股票要退出。0 代表没有操作，1 代表多头头寸，–1 代表空头头寸，999 代表了退出任何头寸。在每种情况下，整个头寸都会被清算。对一些仅需要 ENTRY 和 FAVOR 的策略，EXIT 每个元素将设定为 0。

- FAVOR 是一个 zoo 对象。和 DATA[["Close"]]有相同的维度。它指定了在任意时间内，对特定股票的偏好。当 ENTRY 指示多于 K 个股票要进入，以及 ENTRY 需要清算现存的头寸去避免有大于 K 个股票时，FAVOR 就会被用到。FAVOR 值越高，表明多头头寸是更有利的，空头头寸是不利的。低的或者负的 FAVOR 值，表明空头头寸是更好的，多头头寸是不利的。FAVOR 好的默认值是平均回报和滚动夏普比率。在某些策略中，用随机数来填充 FAVOR 可能是理论上的偏好。在模拟的过程中，该对象经常需要被挑选被排序，而值得注意的是，NA 值不能通过 R 默认的行为来处理。

- maxLookback 是由任意指标回溯时长的最大值加 1 得到的。这是必要的，以确保在以下情况时矩阵不被处理：当矩阵所有元素都为 NA 或者选择 na.rm=TRUE 会导致不完全计算。我们通常希望通过 na.rm=TRUE 的设定来允许在统一的日期模板中保留 NA 值，但也不希望在计算第 2 期的 $SMA_{t,100}$ 时滥用。

- maxAssets 等于 K，它指定了特定时间内允许持有的最大的股票数量，或者独立资产的数量。我们模拟的投资组合管理允许在 K 个资产之间均匀地进行现金分配。它将在 K 个资产之间分配 startCash，然后再在新的股票和金钱构成中均等地分配手头现金。

- startingCash 是初始投资资本。为每个个体指定一个真实价值去研究账户规模和佣金结构之间的互动，这是十分重要的。

- slipFactor 是要添加到每个交易的滑点的百分比，滑点被定义为数据中的价格与执行中的价格之间的差异，不考虑价差。实际上，滑点可能对我们有好处也有可能有坏处，但是为了模拟真实的交易结果，考虑一定量的滑点还是必要的。我们将会讨论多少程度的滑点对交易策略是合适的，这将突出自动化的重要性。对于这个输入，0.001 代表了每次资产进入或退出的 0.1%的削减。在买入时，将提高价格，卖出时将降低价格。

- spreadAdjust 是每次交易的障碍的美元价值，它的作用与 slipFactor 类似，但它最常用于调整支付订单的差价。值为 0.01 的 slipFactor 相当于 1 美分的削减，在稳定交易的情况下，对流动性好的股票进行小额交易时，会很有现实意义。

- flatCommission 是任意规模的单次交易佣金的美元价值。它被包含在股票进入和退出中。如果你的经纪人为每笔交易要 7 美元的固定佣金，那么 7.00 是合适的值。如果你的经纪人只在股票引入时要 7 美元的固定佣金，那么 3.50 的值会产生正确的模拟结果。

- perShareCommision 是每股价格削减的美元价值，它用来模拟基于每股的佣金的影响。如果每股佣金每次买入或卖出是 0.5 美分，那 perShareCommision 合适的取值为 0.005。在撰写本书时，我还不知道仅在买入股票时收取佣金的情况，因此函数暂不支持单向每股佣金，但是可以通过输入一般的佣金来近似，如一般的固定佣金。

- *verbose* 是一个逻辑标志，指示函数是否随着时间推移而输出绩效信息。当进行多核运算时，我们不会使用它，因为控制台的结果将被丢弃。有时候，可以通过设定为 FALSE 以保存最终的结果。

- *failThresh* 是停止运算模拟过程对应的权益曲线的值，停止后将返回一条不完整的权益曲线以及提醒信息。当测试策略时，无论是以手动的方式，还是一个有序的循环，多核循环或者其他，停止失败策略但不抛出错误可以帮用户节省时间。该值默认为 0，由于收益等的复合计算几何性质是很难违反的，当设置到一定的开始现金的比例时，它可能会被用到。在这些情况下，如梯度最优化，或者在策略的早期探索研究中，把这个值设定为 0 以外的其他值是很不明智的。

- initP 和 initp 被用于交叉验证中，用来在策略模拟中传递持仓和账户信息。我们将在第 8 章结尾讨论它们。

- equNA 是在数据准备期间的函数，它动态地对那些在 OPEN 和 CLOSE 中某时间进入 S&P 的股票实行 maxLookback 函数。

代码清单 7-1　模拟绩效

```
equNA <- function(v){
  o <- which(!is.na(v))[1]
  return(ifelse(is.na(o),  length(v)+1, o))
}


simulate <- function(OPEN, CLOSE,
                     ENTRY, EXIT, FAVOR,
                     maxLookback, maxAssets, startingCash,
                     slipFactor, spreadAdjust, flatCommission, perShareCommission,
                     verbose = FALSE, failThresh = 0,
                     initP = NULL, initp = NULL){

# 第1步
if( any( dim(ENTRY) != dim(EXIT) ) |
    any( dim(EXIT) != dim(FAVOR) ) |
    any( dim(FAVOR) != dim(CLOSE) ) |
    any( dim(CLOSE) != dim(OPEN)) )
  stop( "Mismatching dimensions in ENTRY, EXIT, FAVOR, CLOSE, or OPEN.")

if( any( names(ENTRY) != names(EXIT)) |
  any( names(EXIT) != names(FAVOR) ) |
  any( names(FAVOR) != names(CLOSE) ) |
  any( names(CLOSE) != names(OPEN) ) |
  is.null(names(ENTRY)) | is.null(names(EXIT)) |
  is.null(names(FAVOR)) | is.null(names(CLOSE)) |
  is.null(names(OPEN)) )
  stop( "Mismatching or missing column names in ENTRY, EXIT, FAVOR, CLOSE, or OPEN.")

FAVOR <- zoo(t(apply(FAVOR, 1, function(v) ifelse(is.nan(v) | is.na(v), 0, v) )),
            order.by = index(CLOSE))
```

```r
# 第2步
K <- maxAssets
k <- 0
C <- rep(startingCash, times = nrow(CLOSE))
S <- names(CLOSE)

P <- p <- zoo( matrix(0, ncol=ncol(CLOSE), nrow=nrow(CLOSE)),
               order.by = index(CLOSE) )

if( !is.null( initP ) & !is.null( initp ) ){
  P[1:maxLookback,] <-
    matrix(initP, ncol=length(initP), nrow=maxLookback, byrow = TRUE)
  p[1:maxLookback,] <-
    matrix(initp, ncol=length(initp), nrow=maxLookback, byrow = TRUE)
}
names(P) <- names(p) <- S

equity <- rep(NA, nrow(CLOSE))

rmNA <- pmax(unlist(lapply(FAVOR, equNA)),
    unlist(lapply(ENTRY, equNA)),
    unlist(lapply(EXIT, equNA)))

for( j in 1:ncol(ENTRY) ){
  toRm <- rmNA[j]


  if( toRm > (maxLookback + 1) &
      toRm < nrow(ENTRY) ){
    FAVOR[1:(toRm-1),j] <- NA
    ENTRY[1:(toRm-1),j] <- NA
    EXIT[1:(toRm-1),j] <- NA
  }
}

# 第3步
for( i in maxLookback:(nrow(CLOSE)-1) ){

  # 第4步
  C[i+1] <- C[i]
  P[i+1,] <- as.numeric(P[i,])
  p[i+1,] <- as.numeric(p[i,])

  longS <- S[which(P[i,] > 0)]
  shortS <- S[which(P[i,] < 0)]
  k <- length(longS) + length(shortS)

# 第5步
longTrigger <- setdiff(S[which(ENTRY[i,] == 1)], longS)
shortTrigger <- setdiff(S[which(ENTRY[i,] == -1)], shortS)
```

```r
trigger <- c(longTrigger, shortTrigger)

if( length(trigger) > K ) {

  keepTrigger <- trigger[order(c(as.numeric(FAVOR[i,longTrigger]),
                               -as.numeric(FAVOR[i,shortTrigger])),
                       decreasing = TRUE)][1:K]

  longTrigger <- longTrigger[longTrigger %in% keepTrigger]
  shortTrigger <- shortTrigger[shortTrigger %in% keepTrigger]
  trigger <- c(longTrigger, shortTrigger)

}

triggerType <- c(rep(1, length(longTrigger)), rep(-1, length(shortTrigger)))

# 第6步
longExitTrigger <- longS[longS %in%
                         S[which(EXIT[i,] == 1 | EXIT[i,] == 999)]]

shortExitTrigger <- shortS[shortS %in%
                         S[which(EXIT[i,] == -1 | EXIT[i,] == 999)]]

exitTrigger <- c(longExitTrigger, shortExitTrigger)

# 第7步
needToExit <- max( (length(trigger) - length(exitTrigger)) - (K - k), 0)

if( needToExit > 0 ){

  toExitLongS <- setdiff(longS, exitTrigger)
  toExitShortS <- setdiff(shortS, exitTrigger)

  toExit <- character(0)

  for( counter in 1:needToExit ){
    if( length(toExitLongS) > 0 & length(toExitShortS) > 0 ){
      if( min(FAVOR[i,toExitLongS]) < min(-FAVOR[i,toExitShortS]) ){
        pullMin <- which.min(FAVOR[i,toExitLongS])
        toExit <- c(toExit, toExitLongS[pullMin])
        toExitLongS <- toExitLongS[-pullMin]
      } else {
        pullMin <- which.min(-FAVOR[i,toExitShortS])
        toExit <- c(toExit, toExitShortS[pullMin])
        toExitShortS <- toExitShortS[-pullMin]
      }
    } else if( length(toExitLongS) > 0 & length(toExitShortS) == 0 ){
      pullMin <- which.min(FAVOR[i,toExitLongS])
      toExit <- c(toExit, toExitLongS[pullMin])
      toExitLongS <- toExitLongS[-pullMin]
```

```
    } else if( length(toExitLongS) == 0 & length(toExitShortS) > 0 ){
      pullMin <- which.min(-FAVOR[i,toExitShortS])
      toExit <- c(toExit, toExitShortS[pullMin])
      toExitShortS <- toExitShortS[-pullMin]
    }
  }

  longExitTrigger <- c(longExitTrigger, longS[longS %in% toExit])
  shortExitTrigger <- c(shortExitTrigger, shortS[shortS %in% toExit])

}

# 第8 步
exitTrigger <- c(longExitTrigger, shortExitTrigger)
exitTriggerType <- c(rep(1, length(longExitTrigger)),
                     rep(-1, length(shortExitTrigger)))

# 第9 步
if( length(exitTrigger) > 0 ){
  for( j in 1:length(exitTrigger) ) {

    exitPrice <- as.numeric(OPEN[i+1,exitTrigger[j]])

    effectivePrice <- exitPrice * (1 - exitTriggerType[j] * slipFactor) -
      exitTriggerType[j] * (perShareCommission + spreadAdjust)

    if( exitTriggerType[j] == 1 ){

      C[i+1] <- C[i+1] +

        ( as.numeric( P[i,exitTrigger[j]] ) * effectivePrice )
      - flatCommission

    } else {

      C[i+1] <- C[i+1] -
        ( as.numeric( P[i,exitTrigger[j]] ) *
            ( 2 * as.numeric(p[i, exitTrigger[j]]) - effectivePrice ) )
      - flatCommission
    }

    P[i+1, exitTrigger[j]] <- 0
    p[i+1, exitTrigger[j]] <- 0

    k <- k - 1
  }
}

# 第10 步
if( length(trigger) > 0 ){
```

```r
    for( j in 1:length(trigger) ){

        entryPrice <- as.numeric(OPEN[i+1,trigger[j]])

        effectivePrice <- entryPrice * (1 + triggerType[j] * slipFactor) +
            triggerType[j] * (perShareCommission + spreadAdjust)

        P[i+1,trigger[j]] <- triggerType[j] *
            floor( ( (C[i+1] - flatCommission) / (K - k) ) / effectivePrice )

        p[i+1,trigger[j]] <- effectivePrice

        C[i+1] <- C[i+1] -
            ( triggerType[j] * as.numeric(P[i+1,trigger[j]]) * effectivePrice )
            - flatCommission

        k <- k + 1

    }
}


#  第 11 步
equity[i] <- C[i+1]
for( s in S[which(P[i+1,] > 0)] ){
    equity[i] <- equity[i] +
        as.numeric(P[i+1,s]) *
        as.numeric(OPEN[i+1,s])
}

for( s in S[which(P[i+1,] < 0)] ){
    equity[i] <- equity[i] -

        as.numeric(P[i+1,s]) *
        ( 2 * as.numeric(p[i+1,s]) - as.numeric(OPEN[i+1,s]) )
}

if( equity[i] < failThresh ){
    warning("\n*** Failure Threshold Breached ***\n")
    break
}

#  第 12 步
if( verbose ){
    if( i %% 21 == 0 ){
        cat(paste0("################################# ",
                round(100 * (i - maxLookback) /
                        (nrow(CLOSE) - 1 - maxLookback), 1), "%",
                    "#################################\n"))
        cat(paste("Date:\t",as.character(index(CLOSE)[i])), "\n")
        cat(paste0("Equity:\t", " $", signif(equity[i], 5), "\n"))
```

```
    cat(paste0("CAGR:\t ",
            round(100 * ((equity[i] / (equity[maxLookback]))^
                        (252/(i - maxLookback + 1)) - 1), 2),
            "%"))
    cat("\n")
    cat("Assets:\t", S[P[i+1,] != 0])
    cat("\n\n")
  }
 }

}

#  第 13 步
return(list(equity = equity, C = C, P = P, p = p))

}
```

7.2.3　讨论

注意到模拟器是建立并受限于平台和数据的这一点是很重要的。我们只有在闭市以后才能获取价格，因此模拟器将模拟在前一天晚上做出交易决定，并在第 2 天早上执行建立头寸。然而开盘价和收盘价经常不一样，这对于模拟来说不太理想。这是我们利用 Yahoo!Finance 的数据指定交易决策时不得不面对的缺点。

模拟器和交易策略可以任意复杂，所有使用者都可以根据它们的需要进行修改。速度是建立基于特定案例的模拟器的最大动机。在最终建立呈现模拟器的过程中，可以建立许多速度更快但是灵活性更小的模拟器。比如，忽略对 EXIT 矩阵的需要、忽略卖空、以及返回更少的结果，可以减少很多降低速度的子程序。如果交易策略只针对美国大市值股票，那么许多用户想建立仅允许多头的模拟器。

该模拟器将组合看作不可加杠杆的。这意味着，多头或空头头寸对应着分别是全部用现金购买或现金全额抵押的。换句话说，杠杆系数为 100%。这样做的想法是，一个加了杠杆的账户，可以在多头或空头的任意方向加杠杆。事实上，这相当于用一个大的账户交易，但要对损失进行限制。模拟器将组合看作是没有加杠杆的，但是可以通过设定参数来模拟杠杆账户。此外，这样做还可以使加杠杆的行为具有可比性。

当我们在给定杠杆倍数的情况下，将 startingCash 视为可用的总美元价值，将 failThresh 视为引发经纪人自动清算账户的美元价值时，模拟杠杆就会更加有可比性。例如，一个交易员将 2000 美元现金存入账户，杠杆倍数为 50，那么他就有 100000 美元可用来交易，但经纪人在整个权益价值低于 98000 美元时将对他的账户进行清算，98000 美元是他不能再担保损失的点。我们可以通过如下方式模拟这种行为，设定 startingCash 为 100000 美元，failThresh 为 98000 美元。因此如果我们把杠杆作为贷款来的现金，完全可以进行杠杆组合的模拟。交易者可以进一步调整 slipFactor、spreadAdjust、flatCommission 和 perShareCommision 来将杠杆交易带来的更高的成本考虑其中。

要建立一个允许卖空的模拟器，需要能够计算任何时间卖空头寸的权益价值。头寸的权益价值表示在任何给定时间内头寸的现金价值。计算多头头寸价值的公式很简单。权益的多头头寸在时间 t 上的价值等于股票数乘以价格。对于空头头寸，权益价值依赖于全部价格。对于进入价格，一个没有加杠杆的空头头寸包含了一开始抵押的美元，之后在 t 时期买回，获得利润 $n(y_e - y_t)$ 美元。当退出交易时，现金被释放（不需要再用来做抵押）同时交易者得到利润。因此，一个卖空头寸在 t 时期的权益价值为 $ny_e + n(y_e - y_t) = n(2y_e - y_t)$，这个逻辑在模拟器的第 9 步和第 11 步中得到了体现。

7.3 执行示例交易策略

我们将计算需要的矩阵，用模拟器的函数去模拟在本章前面提到的交易策略。代码清单 7-2、7-3 和 7-4 分别计算交易策略#1、#2 和#3 需要的输入。

代码清单 7-5 将计算策略#1 的总结性的统计量和绩效指标。我们将去掉前 3500 行的数据，以便在本章中进行讨论。

使用第 1 章的公式和代码可以使你彻底地研究和探索策略。第 8 章在此基础上，将进一步自动化研究过程。

代码清单 7-2　仅多头 MACD 策略

```
SUBDATA <- lapply(DATA, function(v) v[-(1:3500),])
SUBRETURN <- RETURN[-(1:3500),]

n1 <- 5
n2 <- 34
nSharpe <- 20
shThresh <- 0.80

INDIC <- mcTimeSeries(SUBDATA[["Close"]],
                      function(v) mean(v[(n2 - n1 + 1):n2]) - mean(v),
                      TRUE, n2, workers)

entryfunc <- function(v){
  cols <- ncol(v) / 2
  as.numeric(v[1,1:cols] <= 0 &
             v[2,1:cols] > 0 &
             v[2,(cols+1):(2*cols)] >
             quantile(v[2,(cols+1):(2*cols)], shThresh, na.rm = TRUE)
             )
}

FAVOR <- mcTimeSeries(SUBRETURN,
                      function(v) mean(v, na.rm = TRUE)/sd(v, na.rm = TRUE),
                      TRUE, nSharpe, workers)

ENTRY <- mcTimeSeries(cbind(INDIC, FAVOR),
                      entryfunc,
                      FALSE, 2, workers)
```

```
EXIT <- zoo(matrix(0, ncol=ncol(SUBDATA[["Close"]]), nrow=nrow(SUBDATA[["Close"]])),
            order.by = index(SUBDATA[["Close"]]))
names(EXIT) <- names(SUBDATA[["Close"]])

K <- 10

maxLookback <- max(n1, n2, nSharpe) + 1

RESULTS <- simulate(SUBDATA[["Open"]], SUBDATA[["Close"]],
                    ENTRY, EXIT, FAVOR,
                    maxLookback, K, 100000,
                    0.0005, 0.01, 3.5, 0,
                    TRUE, 0)
## 安装包: "tools"
##
## 以下对象来自于"package:XML"
##
```

代码清单 7-3　组合布林带策略

```
SUBDATA <- lapply(DATA, function(v) v[-(1:3500),])
SUBRETURN <- RETURN[-(1:3500),]

n1 <- 20
n2 <- 100
maxLookback <- max(n2, n1) + 1

SD <- mcTimeSeries(SUBDATA[["Close"]],
                   function(v) sd(v, na.rm = TRUE),
                   TRUE, n1, workers)

MOVAVG <- mcTimeSeries(SUBDATA[["Close"]],
                       function(v) mean(v, na.rm = TRUE),
                       TRUE, n1, workers)

LONGMOVAVG <- mcTimeSeries(SUBDATA[["Close"]],
                           function(v) mean(v, na.rm = TRUE),
                           TRUE, n2, workers)

bt <- (SUBDATA[["Close"]] - MOVAVG) / SD
Bt <- (MOVAVG - LONGMOVAVG) / SD

triggerfunc <- function(v, columns) {

  goLong <- as.numeric(
    ((v[2,1:columns] >= 1 & v[2,1:columns] < 3) | v[2,1:columns] <= -3) &
    (v[1,(columns+1):(2*columns)] >= -2 & v[2,(columns+1):(2*columns)] < -2)
  )

  goShort <- as.numeric(
```

```
      ((v[2,1:columns] > -3 & v[2,1:columns] <= -1) | v[2,1:columns] >= 3) &
      (v[1,(columns+1):(2*columns)] <= 2 & v[2,(columns+1):(2*columns)] > 2)
   )

   return( goLong - goShort )

}

exitfunc <- function(v, columns){

   exitLong <- as.numeric(v[2,(columns+1):(2*columns)] >= 2 &
                           v[1,(columns+1):(2*columns)] < 2)

   exitShort <- -as.numeric(v[1,(columns+1):(2*columns)] >= -2 &
                             v[2,(columns+1):(2*columns)] < -2)

   exitAll <- 999 * as.numeric( (v[1,1:columns] >= 0 & v[2,1:columns] < 0) |
                    (v[1,1:columns] <= 0 & v[2,1:columns] > 0) )

   out <- exitLong + exitShort + exitAll

   out[out > 1] <- 999
   out[!out %in% c(-1,0,1,999)] <- 0

   return( out )
}

columns <- ncol(SUBDATA[["Close"]])

ENTRY <- mcTimeSeries(cbind(Bt, bt), function(v) triggerfunc(v, columns),
                      FALSE, 2, workers)

FAVOR <- mcTimeSeries(SUBRETURN, mean, TRUE, n1, workers)

EXIT <- mcTimeSeries(cbind(Bt, bt), function(v) exitfunc(v, columns),
                     FALSE, 2, workers)

K <- 20

RESULTS <- simulate(SUBDATA[["Open"]], SUBDATA[["Close"]],
                    ENTRY, EXIT, FAVOR,
                    maxLookback, K, 100000,
                    0.0005, 0.01, 3.5, 0,
                    TRUE, 0)
```

代码清单 7-4　组合 RSI 反转策略

```
SUBDATA <- lapply(DATA, function(v) v[-(1:3500),])
SUBRETURN <- RETURN[-(1:3500),]

truerangefunc <- function(v, cols){
```

```
  pmax(v[2, (cols+1):(2*cols)] - v[2,1:cols],
    abs(v[2, 1:cols]-v[1, (2*cols + 1):(3*cols)]),
    abs(v[1, (cols+1):(2*cols)]-v[2, (2*cols + 1):(3*cols)])))
}

cols <- ncol(SUBDATA[["Close"]])
TR <- mcTimeSeries(cbind(SUBDATA[["Low"]], SUBDATA[["High"]], SUBDATA[["Close"]]),
                   function(v) truerangefunc(v, cols), FALSE, 2, workers)

# 用 SMA 方法计算 ATR
ATR <- mcTimeSeries(TR, mean, TRUE, 20, workers)

ROLLMIN <- mcTimeSeries(SUBDATA[["Close"]], min, TRUE, 100, workers)
ROLLMAX <- mcTimeSeries(SUBDATA[["Close"]], max, TRUE, 100, workers)

m_plus <- (ROLLMAX - SUBDATA[["Close"]]) / ATR
m_minus <- (SUBDATA[["Close"]] - ROLLMIN) / ATR

RS <- mcTimeSeries(SUBRETURN,
                   function(v) mean(v[v>0], na.rm = T) / mean(v[v<0], na.rm = T),
                   TRUE, 20, workers)

RSI <- mcTimeSeries( RS, function(v) 100 - (100 / (1 + v)), FALSE, 1, workers)

entryfunc <- function(v, cols){

  goshort <- v[2,1:cols] <= 2 &
  (v[1,(2*cols+1):(3*cols)] > 70 &
    v[2,(2*cols+1):(3*cols)] <= 70 )

  golong <- v[2,(cols+1):(2*cols)] <= 2 &
  (v[1,(2*cols+1):(3*cols)] < 30 &
    v[2,(2*cols+1):(3*cols)] >= 30 )

  return( as.numeric(golong) - as.numeric(goshort) )

}

ENTRY <- mcTimeSeries(cbind(m_plus, m_minus, RSI),
                      function(v) entryfunc(v, cols), FALSE, 2, workers)

FAVOR <- mcTimeSeries(SUBRETURN, mean, TRUE, 20, workers)

exitfunc <- function(v){
  cols <- ncol(SUBDATA[["Close"]])
  exitlong <- as.numeric(v > 70 | v < 15)
  exitshort <- as.numeric(v < 30 | v > 85)
  return( exitlong - exitshort )
}

EXIT <- mcTimeSeries(RSI, exitfunc, FALSE, 1, workers)
```

代码清单 7-5　总结性统计量和绩效指标

```
changeInEquity <- c(NA, RESULTS[["equity"]][-1] -
                        RESULTS[["equity"]][-length(RESULTS[["equity"]])])

# 得到第 1 章定义的收益序列
R <- zoo(changeInEquity / (RESULTS[["equity"]]), order.by = index(SUBDATA[["Close"]]))

plot(100 * R, type = "l", main = "Figure 7.1: Return Series for Long-Only MACD",
     ylab = "Percent Return", xlab = "")
grid()
abline( h = 0, col = 8 )

# 权益曲线
plot(y = RESULTS[["equity"]], x = index(SUBDATA[["Close"]]),
     type = "l", main = "Figure 7.2: Equity Curve for Long-Only MACD",
     ylab = "Account Equity ($)", xlab = "")
abline(h = RESULTS[["C"]][1])
grid()

# 夏普比率
sharpeRatio <- mean(R, na.rm = T) / sd(R, na.rm = T)

# 组合每日换手率
changeP <- RESULTS[["P"]] - lag(RESULTS[["P"]], k = -1)
percentTurnover <- 100 * (sum(changeP > 0) / nrow(DATA[["Close"]])) / K
```

7.5　小结

在这一章中，我们建立了平衡灵活性和速度的模拟器。根据模拟中交易策略的复杂程度以及数据的数量，模拟过程花费的时间可以从 30 秒到几个小时不等。这对于手动探索和研究一些交易策略的有效性是十分有用的。不过，我们最终还是想要解决一个具体的策略并测试一系列参数。在第 8 章中，我们将把模拟器放在一个 for 循环中，去找到策略的最优参数。根据开发者的目标，可以使用不同的方法来完成这一点。

优化方法

优化不仅仅是找到最好的模拟结果。它本身也是一个复杂和不断发展的领域，在某些信息约束下，数据科学家、统计学家、工程师和交易者都可以对建模结果进行现实的验证。我们将讨论共同的意识形态陷阱和如何避免它们，讨论交叉验证及在时间序列方面的具体应用，并使用第 7 章中的模拟器来自信和有效地预测交易策略的表现。

本章将讨论最佳优化方法和绩效指标。因为模拟器需要相当长的时间来运行，所以精简参数和最小化对优化器中函数的调用是最好的。

8.1 时间序列的交叉验证

在第 7 章中，我们构建了一个模拟器。模拟器告诉我们在一段时间内，具有某些账户约束的给定策略如何执行。开发人员可以手动测试和重新配置策略，以了解哪些策略和配置在一定时间段内表现最佳。开发人员将被引导去假设在一个时期内表现良好的配置在另一个时期表现相似。作为统计的基本原则，我们知道过去的良好表现不能保证未来的良好表现。绝大多数人会避免这种意识形态的陷阱。

我们需要避免不太明显的意识形态陷阱。当开发者发现一个长期执行良好的策略和配置时，在一段时间内他可能会感到一些成就感。当然，对于多年或几十年的稳健回报、避免经济衰退期间的灾难性损失的策略，我们有理由感到兴奋。不幸的是，这是一个重大的意识形态陷阱。

开发商已经修改了策略和参数，以在长时间内优化性能。他假设这种策略在未来将表现良好，因为这个策略经历了许多经济周期，并取得了一致收益。开发商对于把策略应用到实际交易中并获得利润这件事倍感兴奋，但重要的逻辑问题依然存在。他将如何确定一年后的最佳策略？他会继续使用现在的策略吗？或者他会使用可用的数据，重复优化的过程，还是在下一年使用新的策略？重要的问题依然存在。如果这个策略在 2016 年盈利 30%，那么开发者期待在 2017 年盈利多少呢？

以这种方式优化策略然后进行绩效预测是无效的，因为这将使用未来的信息去调整过去的参数。在经典的统计学中，以这种方式优化被称为曲线拟合，是通过交叉验证来解决的。

在统计学中，检验和模型的概念对应于交易中模拟和策略的概念。交叉验证背后的动机是，除非有（至少是）弱确定性的过程，可使用外部独立于测试数据的信息来达到模型的参数化，否则测试结果是无效的。

用交易方面的术语来说，除非有（至少是）弱确定性的过程，可以使用测试数据之前可用的数据来参数化交易策略，否则模拟的结果是无效的。

弱确定性过程是依赖于严格的确定性过程和有约束的随机性过程的。严格的确定性过程是指一组信息到另一组信息有意的可重复的函数映射。有约束的随机性过程指确定概率分布的随机数的生成。在严格的确定性过程外，引入弱确定性过程，是为了使优化过程可以随机地声明搜索点和初始值。

注意在我们的定义中，统计学的"外部独立于（outside and independent）"是如何与交易术语"之前可用的（available before）"相对应的。这是将更为一般的统计学中的交叉验证应用到特定时间序列的应用中来。在大多数统计学应用中，观测值假设为独立的，因此我们可以通过随机抽样来分离训练和测试数据。在时间序列中，如果我们想模拟从 t 开始的交易，所有在 t 之前的数据将作为训练样本，而 t 之后的数据将作为测试数据。

总之，对 t 之后的模拟结果仅仅是一种曲线的拟合，除非仅使用在 t 之前出现且可用的信息来决定策略。为了模拟在数据持续期间的绩效，我们将按时间推移，对于给定的时间，利用其之前的数据来决定策略，并模拟该时间的绩效。这会必然导致我们无法对数据中的第一年也就是2000 年，进行绩效模拟，而之后到现在的每一年都可以进行。

8.2 数值 VS 解析优化

一般地，对于目标函数 $f(.)$ 的优化问题是找到参数向量 θ 使得

$$\theta = \underset{\theta}{argmin} \ [f(\theta)]$$

最终我们会找到参数的真实值 θ，也可能由于问题的限制找到参数的估计值 $\hat{\theta}$。我们已经介绍了数值性和分析性优化的差异，并将在这里进一步进行描述。

在解析优化中，我们知道目标函数的形式以及梯度。梯度是一个向量，它是由每个维度候选参数的导数构成的。为了找到分析性优化中的最小值，我们将求解使导数等于 0 的点，检验它们，保持它们是全局最小值。在几乎所有情况下，解析最优化将找到真实的 θ 而不是估计的 $\hat{\theta}$。解析优化是常在微积分和其他高级数学中见到，而除了此处，是很难在数据科学、统计学和算法交易中碰到的。

数值优化包含在算法上搜索具有已知形式但未知梯度的函数最小值。声称知道目标函数的形式是具有数学上的技术性的。我们可能知道怎么计算一个目标函数，但是如果想全面地知道它的形式是需要耗费大量计算的。我们的目的不仅是找到有未定义梯度的函数最小值，而且要将找到最小值的步骤和时间最小化。

在这里我们只讨论数值优化。目标函数的输出是由模拟得到的绩效指标，模拟是耗费了大量运算的。这里包含了很多优化算法，包括穷举优化（Exhaustive）、遗传优化（Genetic）、模式搜索优化（Pattern Search）、Nelder-Mead 优化（Nelder-Mead）和 BFGS。在给定数据和目标函数时，很多函数可以运行这些算法，然而他们都假定目标函数的瞬时计算，以及严格连续的输入值。因此，有必要对我们自己的优化器进行编程，并且使其适用于处理交易策略优化中常见的问题和约束。

注意，按照传统，我们将目标函数的最小化看作最大化的反面。在金融领域，很多指标都被

设置为最大化，因此在实践中，我们将最小化这些指标的负数。

8.3　数值优化概览

我们将列出数值优化的主要概念，并且解释它们的用法。

梯度优化（gradient optimization）涉及逼近目标函数中参数的梯度，以将其指向最小值的方向。这些过程最好能找到具有中等或大量参数（10 个及以上）的平滑函数的最小值。该算法在搜索最小值时通常在参数空间中以与负梯度成比例的步长移动。梯度优化需要目标函数是相对平滑的。大量的研究工作试图扩展梯度优化的应用，使其也能处理非平滑目标函数。

尽管在交易策略优化中可以使用梯度优化步骤，但是也要避免使用它们。复杂的梯度优化算法能够有效地定位非平滑目标函数的最小值，但是目标函数具有获取整数参数的额外挑战，因此参数必须在声明后取整，以给目标函数一个实值域。这是梯度优化的问题，由于参数需要取整，因此目标函数关于参数变成"分段的"（stepwise）。计算梯度是为了估计找到最小值所需的参数变化的幅度。数值梯度估计在分段函数中会给出误导的值，因为梯度在技术上在每一步都是未定义的。如果我们在估计之前就对参数取整，那么对于任意的 x，x 是一个整数，每个点 $x+0.5$ 处的梯度都是未定义的。当计算分段段点除或每段内部的梯度时，会得到误导的值，分别将得到不切实际的大或零值的梯度。图 8-1 展示了具有一维参数 θ 的目标函数 $f(.)$的这种情况。

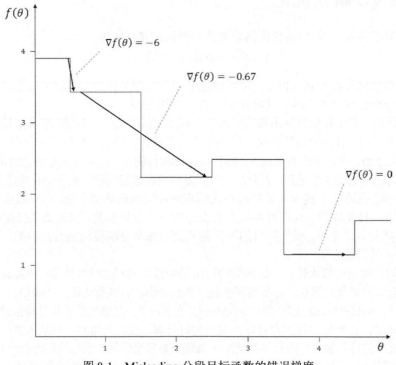

图 8-1　Misleading 分段目标函数的错误梯度

我们将使用直接搜索的优化方法来避免使用梯度搜索。直接搜索将使用搜索方法来迭代地寻找目标函数的最小值。直接搜索法在一维和二维的参数空间中进行直观的搜索，这种方法也可以扩展到 n 维。我们将讨论穷举搜索（exhaustive search）、广义模式搜索（generalized pattern search）和 Nelder-Mead 优化。我们将为在下一章节运行这些算法做准备。

无界搜索算法的参数转换

广义模式搜索和 Nelder-Mead 算法假设参数是在 $(-\infty, \infty)$ 的连续实值。我们将在利用算法进行最优化时对参数进行 logistic 转换。尽管有些算法不是严格地需要连续且无界地输入，但在一般情况下，对参数进行转化可以提高稳健性。令 x 代表 logistic 函数的输入项，p 代表转换结果，那么：

$$p = \frac{1}{1+e^x}$$

则：

$$x = \ln\left(\frac{p}{1-p}\right)$$

logistic 转换的结果是，它的值域为 (0,1)。在实际操作中，优化器将在连续的值域上生成可能的参数向量。如果想一下我们是怎样将输入放入模拟器的，进行 logistic 转换的目的就会变得更加清楚。令 θ_{sim} 为可能放入模拟器的参数向量，θ_{min} 为逻辑上参数可能的最小值，θ_{max} 为逻辑上参数可能的最大值，θ_{opt} 为通过优化方法得到的值域在 $(-\infty, \infty)$ 上的最优参数向量，那么：

$$\theta_{sim} = \theta_{min} + (\theta_{max} - \theta_{min})\frac{1}{1+e^{-\theta_{opt}}}$$

这个过程将优化过程中产生的无界的参数向量一一映射到有界的值域。

8.4 声明一个求值器

在给定一个求值函数后，优化算法相当于输入即给出结果。优化算法要有能力计算给定任何可能的参数向量所对应的目标函数值。对于当前的例子，我们将声明一个求值器，输入参数向量，将输入数据转化为有矩形边界值域的向量，然后从数据中取出需要的特定年份，进而得到交易策略的绩效指标。

在代码清单 8-1 中声明的求值函数，将比我们至今为止看到的大多数代码都庞大。任何一个求值器都不是代码的一部分，但对于给定的策略，它是一个灵活的框架。这个函数的输入和模拟器的输入看起来很相似，是本书中常用的代码。这个函数和模拟器的输入声明看起来非常相似，是本文中最常见的代码。在研究策略时，它们会经常被更换。

■ **注意**：用于生成仅做多 MACD 策略的代码已经在求值器中进行了速度优化，它与代码清单 7-2 中的不一样。在这里我们发现，因为代码内部的优化，用 caTools 包的函数 runmean() 计算均值要快于 mcTimeSeries()，但它牺牲了处理 NA 的能力，不过对于我们已经建立的股票数据来说，这不是个很大的问题。用户如果有其他数据包含周期性的 NA 值，可以利用 mcTimeSeries()和 rollapply()来处理 NA 值。

8.4.1 代码清单 8-1：伪代码

1. 如果需要，将值域为(-∞，∞)的参数转化到它们原始在 minVal 和 maxVal 之间的值域上。这将允许需要无界输入的优化器与需要有界且通常只能是整数的模拟器相连接。如果声明 transformOnly=TRUE，则通过在转换后返回有界参数而退出函数。这是一个有用的快捷方法，将无界参数转换回它的实际域，而无需经过冗长的模拟步骤。

2. 无论第一步是否对参数进行转换，这一步都将强制实行数值类型和有界的规则，以免在之后模拟器不能运行。例如我们将设定 n_1 为大于等于 2 的整数，n_2 为大于等于 n_1 且大于等于 3 的整数。当新的交易策略在求值器中构建时，这个代码需要被修正。在优化期间不正确的边界是错误的一大来源。

3. 我们将根据 y 来选择数据的子集，可能是一年或几年，模拟器将在选定的年份运行。

4. 根据上一步，子集需要 DATA 中的一些元素。

5. 根据策略计算 ENTRY、EXIT 和 FAVOR 矩阵，这和步骤 2 是最可变的代码段。当你研究和开发新策略时，它们经常会改变。

6. 模拟策略并将结果存储在一个列表中。如果账户的参数传递给了求值器，则把它们传到模拟器中。

7. 计算绩效指标并返回。默认情况下，我们提供高频夏普比，这将随着用户探索新的绩效指标而改变。如果需要，将返回负的绩效指标。如果需要，也可以从模拟中返回数据而不是绩效指标。

8.4.2 代码清单 8-1：解释输入及用户指南

- PARAM 是一个命名的输入向量。根据转化，它可以是在值域 minVal 和 maxVal 中有界的，也可以在值域(-∞，∞)上是无界的。如果提供，PARAM 必须有与 minVal 和 maxVal 相匹配的名字。

- minVal 和 maxVal 是输入到策略中参数的上界值和下界值。当 transform 或 transformOnly 被设定为 TRUE 时，它们需要被提供。

- y 是指代需要计算循环的年份，可能是一个，也可能是两个或多个。y=2016 的意思是计算 2016 年策略的表现。y=2011:2016 或 y=c(2011,2016)的意思是计算从 2011～2016 年的策略表现。

- transform 指定是否将 PARAM 进行逻辑转换。如果 transform=TRUE，那么 minVal 和 maxVal 就要被提供。举例来说，当 transform=TRUE 时，PARAM 可能是 c(n1=-0.23, nFact=3.6, nSharpe=-2.5, shThresh=3.1)。当 transform=FALSE 时，PARAM 可能是 c(n1=21, nFact=3, nSharpe=43, shThresh=0.80)。

- verbose 与代码清单 7-1 中是一样的。如果用户想要对运行时间进行判断，这个参数将会被传入模拟器中。

- negative 指定是否要返回负数的绩效指标。这假设所有的绩效指标都被编码了，更大的值对应着更好的绩效表现。这对于将求值器扩展到执行求解最小值而不是最大值的算法是很有用的。
- 如果用户希望将求值器作为无界参数转换为有界参数的快捷方法，那么 transformOnly 则被设定为 TRUE。它执行转换，并返回有界参数。
- 如果用户希望绕过绩效指标计算，并且返回从模拟器中输出的账户变量，则把 returnData 设置为 TRUE。
- 如果用户希望在求值中传递持仓和现金数据，那么就要设定 accountParams。当我们使用本章中讨论的优化算法进行交叉验证时，这将在代码清单 8-6 中发挥作用。提供的列表需要包含 P 的最后一行，p 的最后一行，以及代码清单 7-1 中的伪代码中定义，以及在代码清单 7-1 中输出的 C 的最后的元素。有关实例，请详见代码清单 8-6。

代码清单 8-1　声明求值函数

```
y <- 2014

minVal <- c(n1 = 1, nFact = 1, nSharpe = 1, shThresh = .01)
maxVal <- c(n1 = 150, nFact = 5, nSharpe = 200, shThresh = .99)

PARAM <- c(n1 = -2, nFact = -2, nSharpe = -2, shThresh = 0)

# 声明求值函数内部使用的买入函数
entryfunc <- function(v, shThresh){
  cols <- ncol(v)/2
  as.numeric(v[1,1:cols] <= 0 &
             v[2,1:cols] > 0 &
             v[2,(cols+1):(2*cols)] >
             quantile(v[2,(cols+1):(2*cols)],
                      shThresh, na.rm = TRUE)
             )
}

evaluate <- function(PARAM, minVal = NA, maxVal = NA, y = 2014,
                     transform = FALSE, verbose = FALSE,
                     negative = FALSE, transformOnly = FALSE,
                     returnData = FALSE, accountParams = NULL){

  # 第1 步
  # 如果参数存在无界值域(-inf,inf)，则转换和声明参数
  if( transform | transformOnly ){
    PARAM <- minVal +
      (maxVal - minVal) * unlist(lapply( PARAM, function(v) (1 + exp(-v))^(-1) ))
    if( transformOnly ){
    return(PARAM)
    }
```

```
}

#　第 2 步
# 声明 n1，声明 n2 等于 n1 乘以 nFact。定义 FAVOR 的夏普比率的长度和阀值。
# 这一节将要处理取整和有界问题。
n1 <- max(round(PARAM[["n1"]]), 2)
n2 <- max(round(PARAM[["nFact"]] * PARAM[["n1"]]), 3, n1+1)
nSharpe <- max(round(PARAM[["nSharpe"]]), 2)
shThresh <- max(0, min(PARAM[["shThresh"]], .99))
maxLookback <- max(n1, n2, nSharpe) + 1


#　第 3 步
# 根据年份 y 来取数据的子集
period <-
    index(DATA[["Close"]]) >= strptime(paste0("01-01-", y[1]), "%d-%m-%Y") &
    index(DATA[["Close"]]) < strptime(paste0("01-01-", y[length(y)]+1), "%d-%m-%Y")

period <- period |
    ((1:nrow(DATA[["Close"]]) > (which(period)[1] - maxLookback)) &
    (1:nrow(DATA[["Close"]]) <= (which(period)[sum(period)]) + 1))

#　第 4 步
CLOSE <- DATA[["Close"]][period,]
OPEN <- DATA[["Open"]][period,]
SUBRETURN <- RETURN[period,]

#　第 5 步
# 如代码清单 7-2，计算仅做多 MACD 策略的输入
# 代码已经用 caTools 和 zoo 中的函数进行了速度优化
require(caTools)
INDIC <- zoo(runmean(CLOSE, n1, endrule = "NA", align = "right") -
                runmean(CLOSE, n2, endrule = "NA", align = "right"),
             order.by = index(CLOSE))
names(INDIC) <- names(CLOSE)

RMEAN <- zoo(runmean(SUBRETURN, n1, endrule = "NA", align = "right"),
             order.by = index(SUBRETURN))

FAVOR <- RMEAN / runmean( (SUBRETURN - RMEAN)^2, nSharpe,
                          endrule = "NA", align = "right" )
names(FAVOR) <- names(CLOSE)

ENTRY <- rollapply(cbind(INDIC, FAVOR),
                   FUN = function(v) entryfunc(v, shThresh),
                   width = 2,
                   fill = NA,
                   align = "right",
                   by.column = FALSE)
```

```
names(ENTRY) <- names(CLOSE)

EXIT <- zoo(matrix(0, ncol=ncol(CLOSE), nrow=nrow(CLOSE)),
            order.by = index(CLOSE))
names(EXIT) <- names(CLOSE)

# 第6步
# 定义持有的最大股数
K <- 10

# 模拟和存储结果
if( is.null(accountParams) ){
  RESULTS <- simulate(OPEN, CLOSE,
          ENTRY, EXIT, FAVOR,
          maxLookback, K, 100000,
          0.001, 0.01, 3.5, 0,
          verbose, 0)
} else {
  RESULTS <- simulate(OPEN, CLOSE,
      ENTRY, EXIT, FAVOR,
      maxLookback, K, accountParams[["C"]],
      0.001, 0.01, 3.5, 0,
      verbose, 0,
      initP = accountParams[["P"]], initp = accountParams[["p"]])
}

# 第7步
if(!returnData){

  # 计算和返回夏普比率
  v <- RESULTS[["equity"]]
  returns <- ( v[-1] / v[-length(v)] ) - 1
  out <- mean(returns, na.rm = T) / sd(returns, na.rm = T)
  if(!is.nan(out)){
    if( negative ){
      return( -out )
    } else {
      return( out )
    }
  } else {
    return(0)
  }

} else {
  return(RESULTS)
  }
}
```

```
# 测试目标函数求值
objective <- evaluate(PARAM, minVal, maxVal, y)
```

穷举搜索优化

利用广泛的穷举法对新交易策略进行研究是十分明智的。穷举法涉及扫描 n 维的参数网格，其中 n 是参数的个数。穷举法是需要耗费大量运算的。如果针对每个参数 i，$i \in 1$，2，$\cdots$，n，检验 k_i 个点，那么对完成优化所需的函数 evaluate() 调用的次数为

$$\prod_{i=1}^{n} k_i$$

穷举搜索法是很有帮助的，因为它们允许查看目标函数的表面图，以便知道更详细的穷举搜索以及其他搜索的初始值。代码清单 8-2 展示了穷举搜索法，它利用 OPTIM 数据框中点的所有可能组合。在本章中，OPTIM 数据框将存储每个求值函数的输入和结果，即使算法本身并没有调用或者依赖该数据。

代码清单 8-2 包含了一个用于估计完成时间的简单时钟。它假定平均完成时间在整个优化过程中是恒定的，然而当随着搜索的进行，参数增加了最大回溯和计算复杂度时，这不一定是真的。但无论怎样，它都对完成时间有了一个粗略的估计。粗略的声明边界和步长可以初始化一个需要花费很多时间的优化过程。

注意在代码清单 8-2 中我们将对 nFact 和 nSharpe 声明相同的下界和上界。这是有意为之的，以防在搜索中需要考虑 nFact 和 nSharpe 值不一样的情况。

在求值函数中，我们将声明 transform=FALSE，如果我们没有对输入变量进行过转换。在代码清单 8-2 中，我们将以匀速的步长进行优化。你也可以设置 transform=TRUE，来在无界的参数空间中测试不均匀的步长。你可以进入此代码的开头，用任何所需的测试点序列替换 POINTS 列表的元素，而不中断其余代码。

代码清单 8-2　穷举优化

```
# 声明优化的步长和上下界
lowerBound <- c(n1 = 5, nFact = 3, nSharpe = 22, shThresh = 0.05)
upperBound <- c(n1 = 80, nFact = 3, nSharpe = 22, shThresh = 0.95)
stepSize <- c(n1 = 5, nFact = 1, nSharpe = 1, shThresh = 0.05)

pnames <- names(stepSize)
np <- length(pnames)

# 声明所有可能的点
POINTS <- list()
for( p in pnames ){
  POINTS[[p]] <- seq(lowerBound[[p]], upperBound[[p]], stepSize[[p]])
}

OPTIM <- data.frame(matrix(NA, nrow = prod(unlist(lapply(POINTS, length))),
```

```
                                          ncol = np + 1))
names(OPTIM)[1:np] <- names(POINTS)
names(OPTIM)[np+1] <- "obj"

# 存储参数的所有可能组合
for( i in 1:np ){
  each <- prod(unlist(lapply(POINTS, length))[-(1:i)])
  times <- prod(unlist(lapply(POINTS, length))[-(i:length(pnames))])
  OPTIM[,i] <- rep(POINTS[[pnames[i]]], each = each, times = times)
}

# 测试OPTIM中的每一行
timeLapse <- proc.time()[3]
for( i in 1:nrow(OPTIM) ){
  OPTIM[i,np+1] <- evaluate(OPTIM[i,1:np], transform = FALSE, y = 2014)
  cat(paste0("## ", floor( 100 * i / nrow(OPTIM)), "% complete\n"))
  cat(paste0("## ",
             round( ((proc.time()[3] - timeLapse) *
                    ((nrow(OPTIM) - i)/ i))/60, 2),
         " minutes remaining\n\n"))
}
```

代码清单 8-3 中展示了穷举搜索法的可视化。在 R 中有许多 3D 可视化包。lattice 包是轻便且好用的一个。对于线框，用户需要用可视化轴来正确地查看曲面图。我建议使用 x 的负数并且 y 不变，这样可以使绘图面向指向上方的目标函数。调整 z 以使图形顺时针或逆时针旋转，以得到图形最好的视角。

我建议使用 R 中的 rgl 包，以便在交互式的 GUI 中手动调整和查看 3D 图。

代码清单 8-3　穷举优化的表面图和水平图

```
library(lattice)
wireframe(obj ~ n1*shThresh, data = OPTIM,
         xlab = "n1", ylab = "shThresh",
         main = "Long-Only MACD Exhaustive Optimization",
         drape = TRUE,
         colorkey = TRUE,
         screen = list(z = 15, x = -60)
)

levelplot(obj ~ n1*shThresh, data = OPTIM,
         xlab = "n1", ylab = "shThresh",
         main = "Long-Only MACD Exhaustive Optimization"
)
```

图 8-2 和图 8-3 展示了同一个优化下的表面图和水平图。在这些图中，nFact 和 nSharpe 分别恒为 3 和 22。

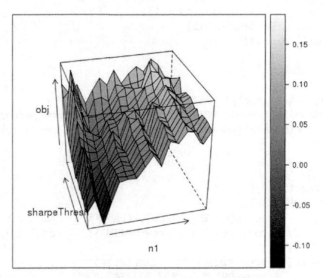

图 8-2　仅做多 MACD 策略表面图

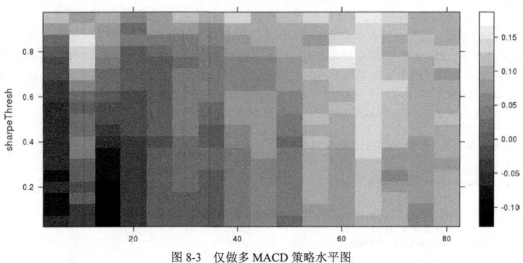

图 8-3　仅做多 MACD 策略水平图

　　图 8-4 和图 8-5 展示了同一个优化的表面图和水平图。在这些图中，nSharpe 和 shThresh 分别恒为 22 和 0.8。

　　图 8-2～8-5 展示的两个优化分别调用了求值函数 304 次和 208 次，得到目标函数值分别为 1.77 和 1.74。经过这么长时间的分析，留下了大部分参数空间未搜索，因为时间限制迫使我们一次只搜索两个参数空间，而固定剩余的两个。该问题的解决方案可以是执行许多小的穷举优化，其中具有高目标函数值的参数空间部分，以更高的粒度搜索用于更高的最大值。幸运的是，这个逻辑可以通过通用模式搜索算法自动化。

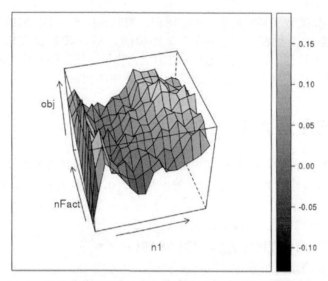

图 8-4　仅做多 MACD 策略夏普比率：表面图

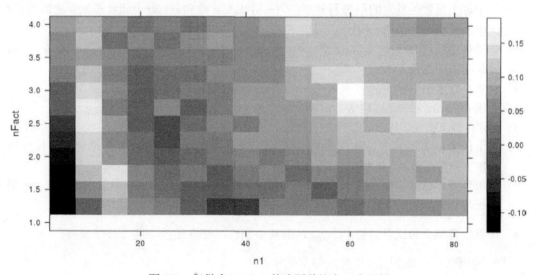

图 8-5　仅做多 MACD 策略夏普比率：水平图

8.5　通用模式搜索优化

模式搜索优化器的概念是简单和灵活的。模式搜索有许多变体。定制模式搜索优化器可以非常强大地发现高度非线性目标函数的最小值。

与穷举搜索相似，模式搜索可以在可能的 θ_k 附近，以 Δ_k 为距离的网格节点中，进行最大次数为 k 次的迭代。节点距离和候选点将以逻辑搜索方式迭代地改变。如果程序判断最小值在附近，则收缩节点的距离；如果程序判断最小值不在附近，则应该投放更宽的网络。

模式搜索一般要求参数在$(-\infty, \infty)$上是连续的，所以我们将在求值函数中用默认的 transform=TRUE。在求值器中，将用 negative=TRUE，将最优化问题转化为最小化问题，保持和传统最优化的一致性。我们将先讨论伪代码然后讨论 R 中的代码。

8.6 广义模式搜索优化

1. 给定目标函数 $f()$的输入，定义 K 为最大迭代次数，k 代表某次迭代，θ_k 为 k 次迭代的 n 维的可能参数，其中第 i 个参数为 $\theta_{k,i}$。最初的步长大于 0，迭代的步长为向量 Δ_k，阈值为 Δ_T，比例因子为 σ，其中 $\sigma > 1$

2. 令 $k=0$，对于任意参数 i，$i \in 1,2,\cdots,n$，$\theta_{0,i} = 0$

3. 对 $f(\theta_k)$ 求值，将值存储为 $f_{\min}$。开始 SEARCH 子程序。

4. SEARCH 子程序定义如下：

- 在两个点 $\theta_k \pm (2B(0.5)-1)U(\Delta_k, \sigma\Delta_k)$ 之间，进行 n 次随机搜索，其中 $B(p)$ 代表 n 维向量，其中每个元素是独立的伯努利分布；$U(a,b)$ 代表 n 维向量，每个元素是独立的均匀分布。求值函数将要被调用 $2n$ 次。

- 如果有测试点的值小于 $f_{\min}$，则将新的最小值存储为 $f_{\min}$，相应的参数向量为 θ_{k+1}，增加步长，新的步长为 $\Delta_{k+1} = \sigma\Delta_k$。令 $k=k+1$，重复 SEARCH 子程序

- 如果没有哪个测试点的值小于 $f_{\min}$，则开始 POLL 的子程序。

- 如果 $k=K$，则返回 $f_{\min}$ 和 θ_k，并结束优化。

5. POLL 程序定义如下：

- 对于任意 $i \in 1,2,\cdots,n$，在两个测试点 $\theta_k \pm v_i\sigma$ 之间进行搜索，其中 v_i 是一个 n 维向量，且第 i 个元素为 1，其余元素为 0。求值函数将被调用 $2n$ 次。

- 如果有测试点的值小于 $f_{\min}$，则将新的最小值存储为 $f_{\min}$，相应的参数向量为 θ_{k+1}，增加步长，新的步长为 $\Delta_{k+1} = \sigma\Delta_k$。令 $k=k+1$，重复 SEARCH 子程序。

- 如果没有哪个测试点的值小于 $f_{\min}$，则减少步长，使得 $\Delta_{k+1} = \dfrac{\Delta_k}{\sigma}$，令 $k=k+1$

  - 如果 $k=K$，返回 $f_{\min}$ 和 θ_k，结束优化

  - 如果 $\Delta_k < \Delta_T$，令 $\Delta_k = \Delta_0, \theta_k = U(-\sigma\Delta_k, \sigma\Delta_k)$，$f_{\min} = f(\theta_k)$。运行 SEARCH 子程序

  - 其他情况运行 SEARCH 子程序

我们将在本讨论中定义一个框为 n 维箱体，类似于方形或立方体。从 SEARCH 子程序开始，它将随机测试 n 个点，这些点在边长为 $2\sigma\Delta_k$ 的箱子内，但在边长为 $2\Delta_k$ 的箱子外，这些点都以 θ_k 为中心。在给定 θ_k、Δ_k 和 σ 后，这个区域将被称为搜索区（search region）。SEARCH 子程序还将测试这 n 个点的反射，它们自然也在搜索区内。在图 8-6 中，我们将展示这一过程。图 8-6 和图 8-7 将点 θ_k 标记为空的圆，测试点标记为三角形。灰色阴影区为随机的搜索区。

运行 SEARCH 子程序将有以下几种情况，得到一个更好的 θ_k，扩大搜索区域，重复或者触

发 POLL 程序。POLL 子程序将通过选择参数 $\theta_{k,i}$ 以及用 Δ_k 对其进行调整来在临近区域进行搜索。POLL 子程序将得到一个更好的 θ_k，扩大搜索区域，触发 SEARCH 程序或者缩小搜索区域并触发 SEARCH 子程序。在图 8-7 中，展示了这个过程。

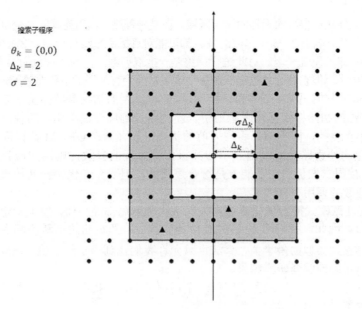

图 8-6　n=2，二维搜索子程序示例

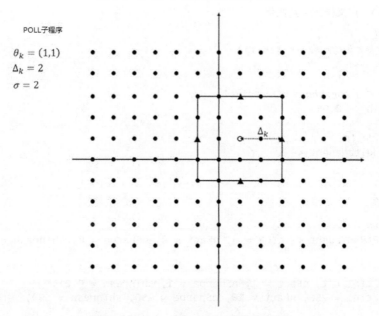

图 8-7　n=2，二维 POLL 子程序示例

代码清单 8-4 是广义搜索优化的灵活算法。还需要考虑一些实际因素，以保证它有效无误地运行。在优化的最初阶段，它将积极地寻找参数的极值，因此求值函数不返回 *NA* 或 *NaN* 是十分重要的。因此控制求值函数的输入和输出，可以确保 **minVal** 和 **maxVal** 向量覆盖了可以操作的极值而不是理论上的极值。

该算法容易陷入转化后参数的无界的平坦区域。在某种程度上，当连续输入变量转换值为 10 或者更大时，参数向量任意方向上 2～3 个单位的调整都可能对目标函数没有影响，这是由于求值函数内部的取整和逻辑变换带来的尾部平坦。对此进行调整是一把双刃剑，因为尽管我们不喜欢看到优化器在几乎相等的值周围选择，但它到达参数空间的那个区域是因为有全局最小和非局部最小值的证据。

我们将利用 SEARCH 子程序的随机性，并用随机产生的初始参数向量重新启动算法。这将移动 SEARCH 算法的初始搜索框，理想地引入新的路径到局部最小化。路径是否优越并且导致更好的最小值是不重要的，因为信息将与先前的优化一起存储在 OPTIM 数据框中。

如果研究优化的搜索路径重复地显示与其极值很接近的参数，则用户应该扩展 **minVal** 和 **maxVal** 的边界，使得它们仍然在功能上是符合逻辑的，但要允许优化在其他极值处建立。这将使耗时的对求值函数的调用更有效率。

重要的是，要注意模式搜索优化器通常被保证收敛到局部最小值，但不一定保证收敛到目标函数的全局最小值。因此，我们用 Δ_k 的大小检测收敛后，随机初始化新的起点。即使已经成功地避免允许参数漂移到类似的最小值，算法也只允许我们找到局部最小值。重要的是，我们知道这一点，因此可以正确地解释研究结果。

在任何数值优化问题中，只能保证定位一个局部最小值。我们研究许多优化问题，都是以快速找到最重要的局部最小值为目标。

代码清单 8-4　广义模式搜索优化

```
#  最大迭代
# 求值函数最大调用次数为K(4(n+1))
K <- 100

# 当delta 小于threshold 时, 重新开始
deltaThresh <- 0.05

# 设定初始delta
delta <- deltaNaught <- 1

# 比例因子
sigma <- 2

# 向量theta_0
PARAM <- PARAMNaught <- c(n1 = 0, nFact = 0, nSharpe = 0, shThresh = 0)

# 边界
minVal <- c(n1 = 1, nFact = 1, nSharpe = 1, shThresh = 0.01)
maxVal <- c(n1 = 250, nFact = 10, nSharpe = 250, shThresh = .99)

np <- length(PARAM)
```

```r
OPTIM <- data.frame(matrix(NA, nrow = K * (4 * np + 1), ncol = np + 1))
names(OPTIM) <- c(names(PARAM), "obj"); o <- 1

fmin <- fminNaught <- evaluate(PARAM, minVal, maxVal, negative = TRUE, y = y)
OPTIM[o,] <- c(PARAM, fmin); o <- o + 1

# 打印功能用于报告循环进度
printUpdate <- function(step){
  if(step == "search"){
    cat(paste0("Search step: ", k,"|",l,"|",m, "\n"))
  } else if (step == "poll"){
    cat(paste0("Poll step: ", k,"|",l,"|",m, "\n"))
  }
  names(OPTIM)
  cat("\t", paste0(strtrim(names(OPTIM), 6), "\t"), "\n")
  cat("Best:\t",
    paste0(round(unlist(OPTIM[which.min(OPTIM$obj),]),3), "\t"), "\n")
  cat("Theta:\t",
    paste0(round(unlist(c(PARAM, fmin)),3), "\t"), "\n")
  cat("Trial:\t",
    paste0(round(as.numeric(OPTIM[o-1,]), 3), "\t"), "\n")
  cat(paste0("Delta: ", round(delta,3) , "\t"), "\n\n")
}

for( k in 1:K ){

  # SEARCH 子程序
  for( l in 1:np ){
    net <- (2 * rbinom(np, 1, .5) - 1) * runif(np, delta, sigma * delta)
    for( m in c(-1,1) ){

      testpoint <- PARAM + m * net
      ftest <- evaluate(testpoint, minVal, maxVal, negative = TRUE, y = y)
      OPTIM[o,] <- c(testpoint, ftest); o <- o + 1
      printUpdate("search")

    }
  }

  if( any(OPTIM$obj[(o-(2*np)):(o-1)] < fmin ) ){

    minPos <- which.min(OPTIM$obj[(o-(2*np)):(o-1)])
    PARAM <- (OPTIM[(o-(2*np)):(o-1),1:np])[minPos,]
    fmin <- (OPTIM[(o-(2*np)):(o-1),np+1])[minPos]
    delta <- sigma * delta

  } else {

    # POLL 子程序
```

```r
  for( l in 1:np ){
    net <- delta * as.numeric(1:np == l)
    for( m in c(-1,1) ){
      testpoint <- PARAM + m * net
      ftest <- evaluate(testpoint, minVal, maxVal, negative = TRUE, y = y)
      OPTIM[o,] <- c(testpoint, ftest); o <- o + 1
      printUpdate("poll")

    }
  }

  if( any(OPTIM$obj[(o-(2*np)):(o-1)] < fmin ) ){

    minPos <- which.min(OPTIM$obj[(o-(2*np)):(o-1)])
    PARAM <- (OPTIM[(o-(2*np)):(o-1),1:np])[minPos,]
    fmin <- (OPTIM[(o-(2*np)):(o-1),np+1])[minPos]
    delta <- sigma * delta

  } else {

    delta <- delta / sigma

  }

}

cat(paste0("\nCompleted Full Iteration: ", k, "\n\n"))

#用随机初始值重新开始
if( delta < deltaThresh ) {

  delta <- deltaNaught
  fmin <- fminNaught
  PARAM <- PARAMNaught + runif(n = np, min = -delta * sigma,
                               max = delta * sigma)

  ftest <- evaluate(PARAM, minVal, maxVal,
                  negative = TRUE, y = y)
  OPTIM[o,] <- c(PARAM, ftest); o <- o + 1

  cat("\nDelta Threshold Breached, Restarting with Random Initiate\n\n")

  }

}

#返回未转化参数的最优化
evaluate(OPTIM[which.min(OPTIM$obj),1:np], minVal, maxVal, transformOnly = TRUE)
```

代码清单 8-4 中的模式搜索在定位目标函数有意义的最小值时比穷举优化有效得多。在大约

475 次对求值器的调用中，在第 31 次迭代时，它定位了一个 Sharpe Ratio 为 0.227 的点。这远远优于我们的穷举优化，其中我们通过两个独立的优化对求值器进行 512 次调用，找到最大的夏普比率为 0.177。这两个优化在个人计算机上将花费 1～2 个小时。图 8-8 显示了模式搜索优化程序运行中的负夏普比率的最小值。注意，x 轴表示对求值器的调用数（等价于 OPTIM 的行数）而不是迭代数 k。单次迭代对求值器的调用为 $2n$～$4n+1$ 次。

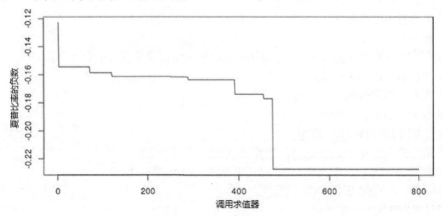

图 8-8 目标函数最小化的模式搜索

注意，我们是手动设置穷举优化器的两个单独运行，但是只是让模式搜索优化器运行，并没有用户输入。使用代码清单 8-4 中的模式搜索优化器的一个好方法是设置很高的 K 值，让优化器一直运行。当输出在大量时间内没有任何显著的改进时，可以手动停止优化程序。

8.7 Nelder-Mead 优化

我们讨论的最后一个优化方法是 Nelder-Mead 优化法，这个算法是单形优化方法中的直接搜索过程。单形法迭代地变换 n 维单形以定位目标函数的最小值。与我们定义一个类似于正方形或立方体的 n 维箱体的方法相似，术语单形是定义类似于三角形或三角形金字塔的 n 维模拟的更正式的形式。它可以简单地定义为在 n 维空间中，形成具有有限非零 n 体积的多面体的一组 $n+1$ 个点。

Nelder-Mead 方法随机初始值

1．给定目标函数 $f(.)$ 有界的输入，定义 K 为最大迭代数，k 为第 k 次迭代，n 维单形的 $n+1$ 个顶点代表候选参数 $\theta_i, i \in 1,2,\cdots, n+1$。第 i 个单形点的第 j 个元素为 $\theta_{i,j}$，其中 $j \in 1,2,\cdots n$。

2．定义反射因子为 α，$\alpha>0$；扩张因子为 γ，$\gamma>0$；压缩因子为 ρ，$0<\rho<1$，；收缩因子为 $\sigma, 0<\sigma<1$；初始单纯形为 Δ，$\Delta>0$；收敛阈值为 δ，$\delta>0$。

3．令 $\theta_{i,j} = -\dfrac{\Delta}{2} + \Delta v_{j-1}$，其中 $i \in 1,\cdots,n+1, j \in 1,\cdots,n$，$v_j$ 代表了一个 n 维向量，在第 j 个位置为 1，其他位置为 0，v_0 是一个 0 向量。

4. 令 $k=0$，θ_0 为 θ_i 这些顶点的质心，$i \in 1, \cdots n$，，计算方法如下：

$$\theta_{0,j} = \frac{\sum_{i=1}^{n} \theta_{i,j}}{n}$$

5. 计算 $f(\theta_i)$ 并记为 f_i，$i \in 1, \cdots, n+1$

6. 定义 ORDER 子程序：

- 令 $k=k+1$；
- 将 f_i 排序。给 θ_i 和 f_i 重新标号，其中 $i \in 1, \cdots, n+1$，使得 $f_1 \leqslant f_2 \leqslant \cdots \leqslant f_{n+1}$；
- 运行 CONVERGE 子程序；
- 计算更新的矩心 θ_0；
- 开始 REFLECT 子程序。

7. 定义 REFLECTION 子程序：

- 计算反射点 $\theta_r = \theta_0 + \alpha(\theta_0 - \theta_{n+1})$。计算 $f_r = f(\theta_r)$；
- 如果 $f_1 \leqslant f_r < f_n$，令 $\theta_{n+1} = \theta_r$，$f_{n+1} = f_r$，开始 ORDER 子程序；
- 如果 $f_r < f_1$，开始 EXPAND 子程序。

8. 定义 EXPAND 子程序：

- 计算扩张点 $\theta_e = \theta_0 + \gamma(\theta_r - \theta_0)$。计算 $f_e = f(\theta_e)$；
- 如果 $f_e < f_r$，令 $\theta_{n+1} = \theta_e$，$f_{n+1} = f_e$，开始 ORDER 子程序；
- 如果 $f_r < f_e$，令 $\theta_{n+1} = \theta_r$，$f_{n+1} = f_r$，开始 ORDER 子程序。

9. 定义 CONTRACT 子程序：

- 计算压缩点 $\theta_c = \theta_0 + \rho(\theta_{n+1} - \theta_0)$，计算 $f_c = f(\theta_c)$；
- 如果 $f_c < f_{n+1}$，令 $\theta_{n+1} = \theta_c$，$f_{n+1} = f_c$，开始 ORDER 子程序；
- 如果 $f_r < f_e$，令 $\theta_{n+1} = \theta_r$，$f_{n+1} = f_r$，开始 ORDER 子程序。

10. 定义 SHIRNK 子程序：

- 对于，$i \in 2, \cdots, n+1$，令 $\theta_i = \theta_1 + \sigma(\theta_i - \theta_1)$，计算 $f_i = f(\theta_i)$；
- 开始 ORDER 子程序。

11. 定义 CONVERGE 子程序：

- 定义 s 为单形大小的代理，它是经过比例调整的 θ_i 到 θ_0 的距离的最大值，其中 $i \in 1, \cdots, n+1$，计算方法如下：

$$s = \max_i \left[\frac{1}{n} \sum_{j=1}^{n} |\theta_{i,j} - \theta_{0,j}| \right]$$

- 如果 $s < \delta$，则新的单形为 $\theta_i = U(-\Delta, \Delta)$，其中 $U(a,b)$ 为独立均匀分布，对于 $i \in 1, \cdots, n+1$，计算 $f_i = f(\theta_i)$；
- 如果 $k=K$，则停止优化程序，返回 f_1 和 θ_1。

在这个算法中采取这些步骤，其背后的动机是非常直观的。原始的 Nelder-Mead 算法是在 1965 年创建的，当时研究人员所能运用的计算能力是远远不够的。自然地，数值优化算法的测试函数通常更理论和平滑。在这种情况下，直接搜索最小化的主要逻辑是，最好直接远离最大值而不是直接向最小值移动，这种逻辑为直接搜索最小化提供了一个稳健的框架。

REFLECT 子程序背后的动机是取具有最高值 θ_{n+1} 的点，并测试与其相反的值，或反射远离它。EXPAND 子程序的动机是如果反射在单形中产生了一个新的最小值，有可能的点会在同一个方向。如果反射产生非常差的值，则在单纯形内可能存在潜在可能的点，因此我们运行 CONTRACT 子程序并且从 θ_{n+1} 朝向质心移动。如果这些子程序中没有一个产生比 f_{n+1} 更好的值，我们利用子程序 SHRINK，将所有其他 θ_i 移向 θ_1，进行收敛。图 8-9 和图 8-10 给出了二维空间中子程序的可视化。

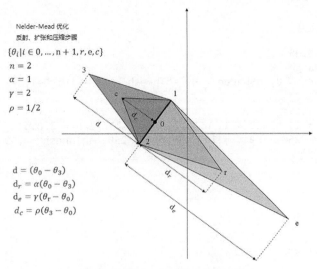

图 8-9　反射、扩张和压缩步骤

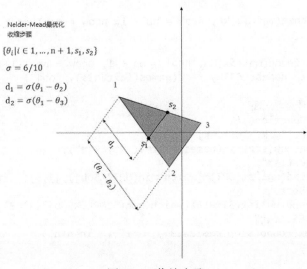

图 8-10　收缩步骤

Nelder-Mead 在发现局部最小值方面是有效的，但是只能在某些条件下保证仅收敛到局部最小值。为此，与模式搜索算法一样，我们对算法进行改进，例如在第一次重新启动之后测试单形大小的收敛和随机初始化。随机初始化有助于快速发现唯一且重要的局部最小值，但弱化了优化的确定性。代码清单 8-5 是本节开头所述的 Nelder-Mead 优化的轻量级算法。类似于模式搜索算法，通过设置非常高的 K 值并且稍后手动停止，来最好地利用 Nelder-Mead 优化器。

代码清单 8-5 Nelder-Mead 优化

```r
K <- maxIter <- 200

# Vector theta_0
initDelta <- 6
deltaThresh <- 0.05
PARAM <- PARAMNaught <-
  c(n1 = 0, nFact = 0, nSharpe = 0, shThresh = 0) - initDelta/2

# 边界
minVal <- c(n1 = 1, nFact = 1, nSharpe = 1, shThresh = 0.01)
maxVal <- c(n1 = 250, nFact = 10, nSharpe = 250, shThresh = .99)

# 优化参数
alpha <- 1
gamma <- 2
rho <- .5
sigma <- .5

randomInit <- FALSE

np <- length(initVals)

OPTIM <- data.frame(matrix(NA, ncol = np + 1, nrow = maxIter * (2 * np + 2)))
o <- 1

SIMPLEX <- data.frame(matrix(NA, ncol = np + 1, nrow = np + 1))
names(SIMPLEX) <- names(OPTIM) <- c(names(initVals), "obj")

# 打印功能用于报告循环进度
printUpdate <- function(){
  cat("Iteration: ", k, "of", K, "\n")
  cat("\t\t", paste0(strtrim(names(OPTIM), 6), "\t"), "\n")
  cat("Global Best:\t",
      paste0(round(unlist(OPTIM[which.min(OPTIM$obj),]),3), "\t"), "\n")
  cat("Simplex Best:\t",
      paste0(round(unlist(SIMPLEX[which.min(SIMPLEX$obj),]),3), "\t"), "\n")
  cat("Simplex Size:\t",
      paste0(max(round(simplexSize,3)), "\t"), "\n\n\n")
}

# 初始化 SIMPLEX
```

```
for( i in 1:(np+1) ) {

  SIMPLEX[i,1:np] <- PARAMNaught + initDelta * as.numeric(1:np == (i-1))
  SIMPLEX[i,np+1] <- evaluate(SIMPLEX[i,1:np], minVal, maxVal, negative = TRUE,
                              y = y)
  OPTIM[o,] <- SIMPLEX[i,]
  o <- o + 1

}

#   优化循环
for( k in 1:K ){

  SIMPLEX <- SIMPLEX[order(SIMPLEX[,np+1]),]
  centroid <- colMeans(SIMPLEX[-(np+1),-(np+1)])

    cat("Computing Reflection...\n")
    reflection <- centroid + alpha * (centroid - SIMPLEX[np+1,-(np+1)])

    reflectResult <- evaluate(reflection, minVal, maxVal, negative = TRUE, y = y)
    OPTIM[o,] <- c(reflection, obj = reflectResult)
    o <- o + 1

    if( reflectResult > SIMPLEX[1,np+1] &
        reflectResult < SIMPLEX[np, np+1] ){

      SIMPLEX[np+1,] <- c(reflection, obj = reflectResult)

    } else if( reflectResult < SIMPLEX[1,np+1] ) {

      cat("Computing Expansion...\n")
      expansion <- centroid + gamma * (reflection - centroid)
      expansionResult <- evaluate(expansion,
                        minVal, maxVal, negative = TRUE, y = y)

      OPTIM[o,] <- c(expansion, obj = expansionResult)
      o <- o + 1

      if( expansionResult < reflectResult ){
        SIMPLEX[np+1,] <- c(expansion, obj = expansionResult)
      } else {
        SIMPLEX[np+1,] <- c(reflection, obj = reflectResult)
      }

    } else if( reflectResult > SIMPLEX[np, np+1] ) {

      cat("Computing Contraction...\n")
      contract <- centroid + rho * (SIMPLEX[np+1,-(np+1)] - centroid)
      contractResult <- evaluate(contract, minVal, maxVal, negative = TRUE, y = y)

      OPTIM[o,] <- c(contract, obj = contractResult)
```

```r
      o <- o + 1
      if( contractResult < SIMPLEX[np+1, np+1] ){

        SIMPLEX[np+1,] <- c(contract, obj = contractResult)

      } else {
        cat("Computing Shrink...\n")
        for( i in 2:(np+1) ){
          SIMPLEX[i,1:np] <- SIMPLEX[1,-(np+1)] +
            sigma * (SIMPLEX[i,1:np] - SIMPLEX[1,-(np+1)])
          SIMPLEX[i,np+1] <- c(obj = evaluate(SIMPLEX[i,1:np],
                                              minVal, maxVal,
                                              negative = TRUE, y = y))
        }

      OPTIM[o:(o+np-1),] <- SIMPLEX[2:(np+1),]
      o <- o + np

    }

  }

  centroid <- colMeans(SIMPLEX[-(np+1),-(np+1)])
  simplexSize <- rowMeans(t(apply(SIMPLEX[,1:np], 1,
                                function(v) abs(v - centroid))))

  if( max(simplexSize) < deltaThresh ){

    cat("Size Threshold Breached: Restarting with Random Initiate\n\n")

    for( i in 1:(np+1) ) {

    SIMPLEX[i,1:np] <- (PARAMNaught * 0) +
      runif(n = np, min = -initDelta, max = initDelta)

    SIMPLEX[i,np+1] <- evaluate(SIMPLEX[i,1:np],
                                minVal, maxVal, negative = TRUE, y = y)
    OPTIM[o,] <- SIMPLEX[i,]
    o <- o + 1

    SIMPLEX <- SIMPLEX[order(SIMPLEX[,np+1]),]
    centroid <- colMeans(SIMPLEX[-(np+1),-(np+1)])
    simplexSize <- rowMeans(t(apply(SIMPLEX[,1:np], 1, function(v) abs(v - centroid))))

    }
  }

  printUpdate()

}

# 返回未转换的优化参数
```

```
evaluate(OPTIM[which.min(OPTIM$obj),1:np], minVal, maxVal, transformOnly = TRUE)
```

对于仅做多 MACD 策略的的夏普比率测试，Nelder-Mead 优化比模式搜索优化器执行得更差。图 8-11 显示了调用求值器得到的最小值。直观地来看，这个算法应该更适用于更平滑的目标函数（如第 1 章中讨论的那些更好），当然，我们也鼓励读者尝试比较。

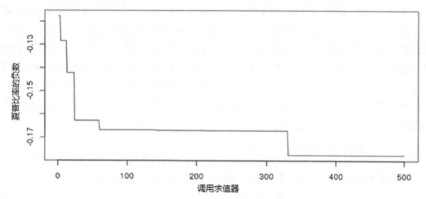

图 8-11　利用 Nelder-Mead 求解目标函数最小值

8.8　预测交易策略表现

现在我们有一个坚固的优化工具箱，可以开始使用优化的参数来模拟真实的交易。在本章的开始，我们讨论了交叉验证和曲线拟合之间的差异。如果使用我们的优化算法来生成给定时间段的最佳参数，然后声称可以在交易中复制交易绩效，我们将成为曲线拟合逻辑的牺牲品。为了策略的有效和诚实的结果，我们需要在一个时间段中生成最优参数，然后在下一个时间段对它们进行评估。后面时间段交易的表现是可以有效且诚实地预期的，因为达到这样绩效的数据是可以实时复制的。这并不意味着我们被迫在后面的时期纯粹地测试前一时期的最优参数。我们允许创建任意复杂的规则来建立模拟中使用的参数，只要它们遵守交叉验证的原则。

我们将利用本文的语言来生成有效的绩效预测：

1. 定义时间 $t \in 1, \cdots, T$，其中 1 代表开始的时间，T 代表结束的时间。

2. 定义 $D(a,b)$ 代表所有数据，$A(a,b)$ 代表账户数据，其中 $a < t \leq b$

定义 $f(\theta; D(a,b))$ 是参数 θ、数据为 $D(a,b)$ 的目标函数。优化器为：

$$g(D(a,b)) = \underset{\theta}{argmin} \ [f(\theta; D(a,b))] \ ;$$

3. 定义模拟器为 $h()$，账户数据为；

$$A(a+1,b) = h(\theta; D(a,b), A(a-1,a)) \ ;$$

4. 定义用于优化和预测的步长分别为 δ_O 和 δ_P，且 $0 < \delta_O, \delta_P < T$；

5. 初始化 $A(0,T)$，对于时期 1 到 T，逻辑值 0 代表了没有持有资产仅持有现金；

6. 对于整数 $i \in [\delta_O / \delta_P], \cdots, [T/\delta_P]$；

- 令 $t = \min[i\delta_P, T - \delta_P]$；

- 计算 $\theta = g(D(t-\delta_O,t))$；
- 计算 $A(t+1,t+\delta_P) = h(\theta; D(t,t+\delta_P), A(t-1,t))$。

7. 计算 0 到 T 的权益曲线、收益率序列、绩效指标和其他指标。

我们将使用迄今为止构建的函数来编写执行这个基于经验的交易策略预测的简要列表。我们已经讨论了许多优化器，但没有将它们封装在函数中，以便允许用户尝试各种输出和结果。对于这个基于经验的交易策预测，我们将在一个只返回未转换参数值的函数中封装广义模式优化。在 R 环境中，如果不保持优化变量，则会导致信息丢失，但是这是将其并入该启发式算法中的必要牺牲。建议你修改此处使用的所有函数，以在 R 列表对象中输出所需的辅助信息，以备将来使用。

我们不会在这里重复代码来声明 optimize() 函数。你应该将本章中介绍的 3 个优化算法中的任意一个封装在函数中，并将参数 y、minVal 和 maxVal 传递给它。将以下返回行添加到函数调用的结尾，以求出在我们定义的 $g(\cdot)$。

```
optimize(y、minVal、maxVal){

    # 插入代码清单8.2、8.3或8.5。将 y、minval 和 maxval 作为参数传入

    # 确保这3个参数不会在函数的其他地方被覆盖，它们需要保持值不被改变

    # 最后返回最优的参数，return()将返回任何你想要返回的数据
    return(
    evaluate(OPTIM[which.min(OPTIM$obj),1:np],
            minVal, maxVal, transformOnly = TRUE)
    )
}
```

此外，当封装优化时，建议用户将 K 的最大迭代值降低到更易于管理的值。

代码清单 8-6 用 $\delta_O = \delta_P = 1$年执行启发式。这个过程组合的权益曲线是有效和负责任地估计未来策略的绩效表现的有效交叉检验。

这是商业交易平台中经常被忽略的关键步骤。在商业平台中实现这种类型的交叉验证通常是可能但费力的。

这个启发式最好一直运行。它是整本书中开发的许多嵌套函数和循环的最终版本。最终输出是每年的投资组合、现金和权益曲线信息。我们在末尾添加了代码，以巩固权益曲线信息，以便快速分析。若缺少这些代码，用户基于自身的需求在研究交易频率、绩效及回撤效果、提供计划的影响等时，会使得优化后分析变得异常复杂。

注意，我们在 2004 年开始模拟，因为根据代码清单 8-6 中的 minVal 和 maxVal，我们的参数可以达到 150×5 天。

代码清单 8-6　生成交易策略绩效预测

```
minVal <- c(n1 = 1, nFact = 1, nSharpe = 1, shThresh = .01)
maxVal <- c(n1 = 150, nFact = 5, nSharpe = 200, shThresh = .99)

RESULTS <- list()
accountParams <- list ()
```

```
testRange <- 2004:2015

# 启发式算法中定义 delta_O = delta_P = 1 年
for( y in testRange ){

  PARAM <- optimize(y = y, minVal = minVal, maxVal = maxVal)

  if( y == testRange[1] ){

    RESULTS[[as.character(y+1)]] <-
      evaluate(PARAM, y = y + 1, minVal = minVal, maxVal = maxVal,
               transform = TRUE, returnData = TRUE, verbose = TRUE )
  } else {

    # 在第 1 年后将账户信息传递给下一次模拟
    strYear <- as.character(y)
    aLength <- length(RESULTS[[strYear]][["C"]])
    accountParams[["C"]] <-(RESULTS[[strYear]][["C"]])[aLength]
    accountParams[["P"]] <- (RESULTS[[strYear]][["P"]])[aLength]
    accountParams[["p"]] <- (RESULTS[[strYear]][["p"]])[aLength]

    RESULTS[[as.character(y+1)]] <-
      evaluate(PARAM, y = y + 1, minVal = minVal, maxVal = maxVal,
               transform = TRUE, returnData = TRUE, verbose = TRUE,
               accountParams = accountParams)
  }
}

# 提取权益曲线
for( y in (testRange + 1) ){

  strYear <- as.character(y)
  inYear <- substr(index(RESULTS[[strYear]][["P"]]), 1, 4) == strYear

  equity <- (RESULTS[[strYear]][["equity"]])[inYear]
  date <- (index(RESULTS[[strYear]][["P"]]))[inYear]

  if( y == (testRange[1] + 1) ){
    equitySeries <- zoo(equity, order.by = date)
  } else {
    equitySeries <- rbind(equitySeries, zoo(equity, order.by = date))
  }
}
```

图 8-12 显示了交叉验证交易模拟的权益曲线。策略进入 2008 年开始表现得不好，可能是因为它只有做多，没有退出标准。很可能夏普比率对于在 t 时期生成 $t+1$ 时期的最优参数不是足够稳健的绩效度量。

最重要的是，这是对策略从 2005 年一直执行到到 2016 年的绩效表现的一个准确表示。将成功的策略适用于所有数据只是证明了解决方案的存在。能够发现一个优化过程和交易策略框架可

115

以一起在交叉验证中产生一致的良好结果，这是金融工程的一个重要的壮举。

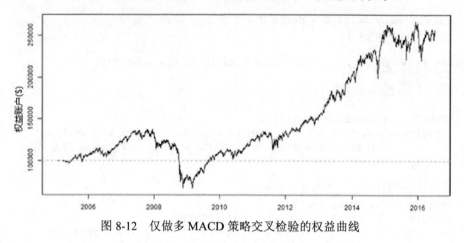

图 8-12 仅做多 MACD 策略交叉检验的权益曲线

8.9 小结

优化可能是一个令人生畏的领域。我们在本章中提供了大量的代码，将构成代码库中最灵活和以研究为中心的部分。在我们进入交易之前，第 9 章将讨论将交易发送给经纪商的 API。第 10 章及后续将关注每天运行平台的实际注意事项。

第 9 章

■■■

网络部分 II

本章将讨论自动化交易策略中可用的 API。各种商业用途的 API 在结构上存在很大的不同，每一种都需要特定的技能和相应的软件。我们将重点关注最流行的可用 API 来帮助交易者判定最优的系统会是什么，或者如何在现有系统的基础上做出改良。关于 API 一般性的介绍可以参考第 2 章。

大多数经纪商将对 API 文档的使用权限定于那些他们已经审核通过的开发者。尽管这些经纪商之后会限制开发者共享和传播与 API 相关的代码和文档。本章会为读者提供必要的工具和指引，以便读者能够利用各种经纪商的 API。

9.1 市场概览：经纪商 API

商业用途的 API 数量及种类可谓惊人。他们一般会把自己标榜为适合任何编程背景的开发者，但是往往并非如此。由于监管的存在，我们只讨论那些允许个人投资者访问到的美国股票，并且要求用低级编程语言建立安全连接的 API，那些低级语言通常是指 C++、.NET 或者 Java。R 语言擅长调用特定的低级语言来处理这些连接，所以连接经纪商之前知道其 API 支持什么样的编程语言是十分重要的。

表 9-1 给出了一些截至 2016 年 6 月仍可使用的 API 的程序特性。如果你不熟悉高级网络连接的概念，那么该表中也许会有大量新的术语。本章将涵盖这些条目，以便交易者能较为准确地把握利用这些 API 进行交易的细节。在这些 API 上集成 R 语言的可行方案比较复杂，我们会用较多篇幅进行讨论。

表 9-1　　　　　　　　　　　　　常用 API 的程序特性

经纪商	传输方式	回复格式	文档	语言	资产
Interactive Brokers	SSL 通过 SDK	特有	公开	C++、Java、.NET、DDE、ActiveX	股票、期货、外汇
E*Trade	SSL 通过 SDK	XML/JSON	私密	VC++、PHP、Java	股票、期货
Pinnacle	SSL 通过 SDK	FIX	私密	C++、.NET、Java Visual Basic、Win32、FIX Engine	股票、期货、外汇
TradeKing	HTTPS 和 OAuth 1.0a	JSON 和 FIXML	公开	任何	股票、期货、外汇

经纪商	传输方式	回复格式	文档	语言	资产
Lightspeed	SSL 通过 SDK	未知	私密	C++ （仅 DLLs）	股票、期货、外汇
OptionsXpress	未知	XML	私密	未知	股票、期货
TDAmeritrade	未知	未知	私密	未知	股票、期货
OANDA REST	HTTPS 和 OAuth 2.0	JSON	公开	任何	外汇

9.2 安全连接

每个经纪商都有一些安全措施来验证用户的真实性，并通过安全连接传递信息。在最高级别，经纪商采用的方式叫做 SSL（Secure Sockets Layer）协议。在信息发出并由接收方解密之前，该协议利用私有和公共的密钥对信息进行加密。SSL 是置于经纪商指定的 TCP/IP 端口之上的。TCP/IP 协议是客户端-服务器通信的高级概念，客户端-服务器通信包含特定的应用协议，如HTTP/HTTPS、SMTP 和 FTP 等。经纪商在如何实现 SSL 方面有所不同，通过 SSL 他们利用认证和应用协议进行连接和通信。

大多数表 9-1 中列出的经纪商通过特定的 SSL 协议进行通信，这些特定的 SSL 会包含在给开发者的软件开发工具包（software developer kit，SDK）中。SDK 既可以是一组源代码，也可以是动态加载库（dynamic loading library，DLL），该 DLL 允许用户使用被支持的编程语言编写 API。DDL 只是分布在源代码中预编译的 API 的组成部分。对 C++来说，它们具有独特的结构。值得注意的是，表中列出的通信方式未知的券商更可能是通过 SDK 而不是 HTTPS 来利用 SSL 协议的。

表中列出的使用 HTTPS 作为通信方式的经纪商，拥有与第 2 章中 Yahoo! Finance 和 YQL API类似的 API。它们首先通过 OAuth 验证身份，然后利用 HTTPS 与程序进行通信。

9.2.1 建立 SSL 连接

SSL 在使用中常常指原始的 SSL 以及它的升级版本——传输层安全协议（Transport Layer Security，TLS）。通过加密软件套装，双方可以协商一个算法来传输和加密数据，从而使第三者无法解密和窃听信息。

SSL 的风格可谓是千差万别。建立连接的过程可能变得复杂，特别是对那些只用单个服务器打算与许多匿名用户建立安全连接的网页。当主机与已知的客户端通信时，该过程变得更为简单，正如经纪商-客户通信的情况一样。基于专用的 SSL 程序的经纪商-客户通信程序（如 SDK）通常会使用一个预先确定的密钥，而服务器和匿名客户之间的安全连接（HTTPS）通常会依赖验证身份的真实性。

从网络连接而不是个人身份的立场来看，在服务器不需要识别用户的情况下，只有服务器需要一个密钥。通过 HTTPS 在网上购物，通常也属于这种情况。在更具安全性的应用中，如表 9-1中列出的那些 SDK，双方均需要一个私人密钥。与仅用公共密钥连接进行通信不同，私人密钥帮助双方在公共密钥的基础上达成协议。该私人密钥允许双方通过对称的密码算法重复地加密和解密信息来进行通信。

无论是单边和双边私人密钥中，我们对 SSL 采用的步骤给出一个一般性的框架。

1. 协商阶段

- 客户端服务器产生一个随机数，列出它支持的加密算法和 SSL 协议版本，并将它们发送到主机服务器。
- 主机服务器和客户端服务器在双方均支持的加密算法和 SSL 协议版本方面达成一致。
- 服务器验证每一方拥有相应的私人密钥。这是通过密钥上的加密签名完成验证的。这些私人密钥，正如其名字所示，从不通过服务器进行不加密的通信。为了确认所有权，服务器要将一个明确传输的随机数和私人密钥加密的过程结合起来。通过判断上述两者结合产生的签名是否一致，所有权被验证。
- 此时，双方服务器均有尚未进行通信的公共密钥。公开通信的随机数和私人密钥的加密算法相互结合，使得在每个服务器均生成了公共密钥，这个公共密钥此前未进行直接的通信。当然，这依赖于双方均拥有前一步中已经验证的私人密钥。通过这一步，服务器已经为通过 SSL 连接传输数据建立了一个特有的加密过程。

2. 主机服务器已经可以和所有传输受到加密的服务器进行通信，主机服务器发送加密信息通知连接已经建立，客户服务器检查初始加密信息是有效的。

3. 客户服务器已经可以和所有传输被加密的主机进行通信，客户服务器发送加密信息通知连接已经建立，主机服务器检查初始加密信息是有效的。

4. 连接已经建立，主机和客户之间的应用通信受到加密。

9.2.2 专有的 SSL 连接

鉴于 HTTP/HTTPS 通信显得非常直接，经纪商选择使用其个人版本的 SSL 协议显得有些奇怪。我们将讨论对经纪商使用 SSL 更有利的一部分原因。

经纪商建立自己的 SSL 协议并发布自己的 SDK 使得交易更加安全。需要注意的是，经纪商代表我们在交易所进行交易，因此面临着来自于政府性组织和交易所自身的许多管制。当经纪商要求用他们的 SDK 进行交易时，他们试图将其中一些或者大多数的限制施加给交易者。

经纪商试图执行的最重要规则称为"心跳"要求。系统必须定期注册，以确保系统是活跃和在线的。如果"心跳"注册失败，并且通过服务器进一步联系系统的尝试失败，那么系统被认为掉线了。当系统的所有者无法对交易过程保持监督时，特定的交易指令会自动取消，并且特殊的规则会被启动以确保那些指令不被执行。

经纪商保留拒绝任何交易者以其方式发布指令的权利，这是一项经纪商不经常行使的权利，因为他们会因滥用权利而损害到自己的声誉。因此安全要求的提升，主要是为了拓宽经纪商正当使用其拒绝权的范围。交易所也保留拒绝（指令）的权利，但是他们会以更加明确的方式执行。经纪商试图通过延伸交易所限制条件的适用范围来最小化风险，一般来说这些限制条件无须明确定义。交易所可能执行最少每 0.5 秒一次的"心跳"注册，而在该交易所进行交易的经纪商则可能对其客户执行 0.2 秒一次的"心跳"注册。在代表客户进行交易时，经纪商承担了相当大的风险，所以他们会采取各种措施为运行自动化交易系统的客户增加安全性。

带或不带有 OAuth 的 HTTPS 无法执行"心跳"需要，因为大多数情况下 HTTPS 不具有足够低的延迟度使之可行。所以一般情况下经纪商不允许 HTTPS 访问。即使 HTTP 有足够低的延迟来支持"心跳"需求。由于其不够安全，因此一般也不被采用。这里"心跳"指是一个注册信息，表明用户系统网络连接是活跃而稳定的。

经纪商经常指定特定的端口进行 SSL 通信连接，这样就不会干扰用于其他活动端口的正常工作。

9.2.3　HTTP/HTTPS

HTTP 和 HTTPS 是一种 TCP/IP 协议，分别默认在端口 80 或端口 443 进行通信。HTTP 不够安全，因此不被用作交易中的通信。HTTPS 利用一种版本的 SSL，该版本并不要求主机和客户事先商定私人密钥。通过依赖服务器端的私人密钥和独立的预留签名权限验证，它允许主机与匿名的客户建立安全的连接。

HTTPS 依靠独立的签名权限而并不需要客户端的私人密钥，因此它不存在内嵌的方式来确定客户的身份。需要验证客户身份的安全应用程序，通常要求客户将 URL 中的某个参数设置为协商一致的密钥，以此作为一种签名进行身份验证。这种方式用两种密钥达到了与 SSL 连接相同的效果，但仍然是 HTTPS 的框架。

9.2.4　OAuth

社交媒体和应用软件的兴起为标准化应用程序端的安全登陆带来了热潮，一群开源软件开发者创建了 OAuth。OAuth 通过 API 提供者验证用户和第三方的身份，让用户允许应用程序代表自己来访问 API，而无需向应用程序泄露密码。

该过程相较无需 SSL 私人密钥的 HTTPS 跨越了一步，迅速被许多 API 提供者采用。如果用户和第三方应用被认为是同一个人，它可以达到与不含 SSL 私人协议的 HTTPS 相同的效果，同时保留了可扩展性，以便于将来匿名用户打开应用程序。

OAuth 对个人交易来说是一个巨大的发展，因为它允许经纪商创建一个仅用单一认证系统的 API，该系统既服务于自动化交易者也服务于平台开发者。

9.3　交易 API 的可行性分析

我们可以用 R 完成几乎所有的事情，因为它可以调用低级语言。在这一部分，谨记"可行"并不代表着"简单"。一些 API 很容易与平台集成，然而有些却不可以。在我们的平台，会将交易执行与其他组件分开，包括订单生成。

利用其编程技巧和经纪商提供的 API，开发者自然会找到完成交易操作的各种方式。

9.3.1　自定义 R 程序包的可行性

任何需要通过 SDK 完成 SSL 连接的经纪商，都需要开发者据此建立可以直接应用的 R 程序包。从 C++或者 Java 创建 R 程序包对于熟悉 C++或者 Java 的开发者来说可谓事半功倍。

需要注意的是，R 使用 GNU-C++编译器（GCC）来编译 C/C++代码，所以 VC++或者.NET 架构的 C/C++代码在 R 中也许会编译失败。在 Windows 系统中，R 使用 MinGW 环境下的 GCC 编译器，即使在已工作着的 VC++和.NET 编译器的机器上也是如此。

通过 DLL 提供 API 的经纪商同样可以通过 C++封装的代码编译成 R 程序包。

熟悉 C/C++或者 Java 的开发者也许想要将 SDK 编译成易于应用的 R 代码。我们会探索其他执行交易的方式，从而即使是对熟练的低级语言编程者也使之可行。

9.3.2 通过现存 R 程序包实现 HTTPS + OAuth

ROAuth、RJSONIO 和 XML 程序包为用户提供直接用 R 而不是其他语言执行交易的所有东西。向高级语言开放 API 是一种旨在激发基于网页的平台开发和由个人投资者进行大量自动化交易的新概念。这对期待每秒进行几次或者更少交易的交易者来说是相当振奋的。

这种方式的最大障碍是选择经纪商。开发者可能并不拥有在这些经纪商开设的现存账户，并且可能也没有足够的机会能以有竞争力的费率购入。

幸运的是，这些经纪商倾向于要拥有大量活跃社区，而里面有着志同道合的开发者。

9.3.3 FIX 引擎

FIX 是一种以最少容量使用整数参数和管道来传输指令的开源协议。存在许多 FIX 引擎通过 SSL 连接与经纪商进行通信。

FIX 引擎兼容性在制度层面更加普适，但是它仅由一些针对散户的经纪商 API 提供。熟悉 FIX 引擎或者在经纪商拥有支持纯 FIX 通信的账户交易者也许会发现，从 R 到 FIX 引擎输出交易指引是很容易的。

9.3.4 向被支持的语言输出指引

熟悉任何明确被经纪商支持的编程语言的开发者，应该尽量尝试将交易指引从 R 输出到他们熟悉的语言以便执行。以他们选择的语言写就的 SDK 得到支持是很有可能的，只要借助大量的代码示例即可。这使得对交易指引的文本文件进行读取，而不是将 SDK 封装成 R 程序包变成更为实用的方式。

9.4 计划和执行交易

提前计划交易并运行自动化交易算法应当是独有的、直接的和轻量的过程。我们将大致讲述计划和执行交易的启发式算法。这些启发式算法包括 4 个不同过程中的两个，分别是 PLAN 任务和 TRADE 任务，这在我们的平台是被自动化的。剩下的两个任务——MODEL 和 UPDATE，将在第 10 章和附录 A 中大致讲述，但不涉及与本章相关的联网概念。

9.4.1 PLAN 任务

我们计划在即将到来的交易日的早上进行交易，交易判断是基于上一个交易日的信息做出的。PLAN 任务必须在上一日的交易信息可以获得与下一个交易日开市中间的时间内被执行。通常情况下，在前一日晚 6 时到后一日早 8 时（美国东部时区）之间运行任务应该可以确保（开市时）交易所需的信息是可得的。

1．只计算 ENTRY、EXIT 和 FAVOR 最后或最近一行的观察值。

2．从经纪商获得当前头寸。计算头寸方向矩阵 P 的最后一行。在目前头寸为多的股票处标 1，在目前头寸为空的股票处标-1。

3．执行第 7 章中"代码清单 7-1：伪代码"的步骤 4～8。代码清单 9-1 与代码清单 7-1 中步骤 4～8 相关，不同的是，前者将 zoo 对象 ENTRY、EXIT、FAVOR 和 P 作为命名向量。

4．输出卖出及卖出方式的列表。输出买入和买入方式的列表。将其保存到能被 TRADE 任务查询到的位置。

代码清单 9-1 显示的是修改版的制定交易计划的模拟函数，模拟函数基于第 7 章中"代码清单 7-1：伪代码"的步骤 4～8。更重要的是，这与我们在本文中模拟策略表现的方式一致。

代码清单 9-1　PLAN 任务

```
# 策略的一般性声明
FAVOR <- rnorm(ncol(DATA[["Close"]]))
ENTRY <- rbinom(ncol(DATA[["Close"]]), 1, .005) -
  rbinom(ncol(DATA[["Close"]]), 1, .005)
EXIT <- rbinom(ncol(DATA[["Close"]]), 1, .8) -
  rbinom(ncol(DATA[["Close"]]), 1, .8)

# 一般性的从经纪商的抓取
currentlyLong <- c("AA", "AAL", "AAPL")
currentlyShort <- c("RAI", "RCL", "REGN")
S <- names(DATA[["Close"]])
initP <- (S %in% currentlyLong) - (S %in% currentlyShort)

names(initP) <-
  names(FAVOR) <-
  names(ENTRY) <-
  names(EXIT) <-
  names(DATA[["Close"]])

# 此时我们已经建立了交易策略一般性的需要
# 基于长度为ncol(DATA[["Close"]])的命名向量initP、FAVOR、ENTRY 和EXIT，我们继续

maxAssets <- 10
startingCash <- 100000
K <- maxAssets
k <- 0
```

```r
C <- c(startingCash, NA)
S <- names(DATA[["Close"]])
P <- initP

# 步骤4
longS <- S[which(P > 0)]
shortS <- S[which(P < 0)]
k <- length(longS) + length(shortS)

# 步骤5
longTrigger <- setdiff(S[which(ENTRY == 1)], longS)
shortTrigger <- setdiff(S[which(ENTRY == -1)], shortS)
trigger <- c(longTrigger, shortTrigger)

if( length(trigger) > K ) {

  keepTrigger <- trigger[order(c(as.numeric(FAVOR[longTrigger]),
                              -as.numeric(FAVOR[shortTrigger])),
                          decreasing = TRUE)][1:K]

  longTrigger <- longTrigger[longTrigger %in% keepTrigger]
  shortTrigger <- shortTrigger[shortTrigger %in% keepTrigger]

  trigger <- c(longTrigger, shortTrigger)

}

triggerType <- c(rep(1, length(longTrigger)), rep(-1, length(shortTrigger)))

# 步骤6
longExitTrigger <- longS[longS %in% S[which(EXIT == 1 | EXIT == 999)]]

  shortExitTrigger <- shortS[shortS %in% S[which(EXIT == -1 | EXIT == 999)]]

exitTrigger <- c(longExitTrigger, shortExitTrigger)

# 步骤7
needToExit <- max( (length(trigger) - length(exitTrigger)) - (K - k), 0)

if( needToExit > 0 ){

  toExitLongS <- setdiff(longS, exitTrigger)
  toExitShortS <- setdiff(shortS, exitTrigger)

  toExit <- character(0)

  for( counter in 1:needToExit ){
    if( length(toExitLongS) > 0 & length(toExitShortS) > 0 ){
      if( min(FAVOR[toExitLongS]) < min(-FAVOR[toExitShortS]) ){
        pullMin <- which.min(FAVOR[toExitLongS])
```

```
                toExit <- c(toExit, toExitLongS[pullMin])
                toExitLongS <- toExitLongS[-pullMin]
            } else {
                pullMin <- which.min(-FAVOR[toExitShortS])
                toExit <- c(toExit, toExitShortS[pullMin])
                toExitShortS <- toExitShortS[-pullMin]
            }
        } else if( length(toExitLongS) > 0 & length(toExitShortS) == 0 ){
            pullMin <- which.min(FAVOR[toExitLongS])
            toExit <- c(toExit, toExitLongS[pullMin])
            toExitLongS <- toExitLongS[-pullMin]
        } else if( length(toExitLongS) == 0 & length(toExitShortS) > 0 ){
            pullMin <- which.min(-FAVOR[toExitShortS])
            toExit <- c(toExit, toExitShortS[pullMin])
            toExitShortS <- toExitShortS[-pullMin]
        }
    }

    longExitTrigger <- c(longExitTrigger, longS[longS %in% toExit])
    shortExitTrigger <- c(shortExitTrigger, shortS[shortS %in% toExit])

}

# 步骤8
exitTrigger <- c(longExitTrigger, shortExitTrigger)
exitTriggerType <- c(rep(1, length(longExitTrigger)),
                     rep(-1, length(shortExitTrigger)))

# 输出计划好的交易
setwd(rootdir)

# 首先卖出这些
write.csv(file = "stocksToExit.csv",
          data.frame(list(sym = exitTrigger, type = exitTriggerType)))

# 再买入这些
write.csv(file = "stocksToEnter.csv",
          data.frame(list(sym = trigger, type = triggerType)))
```

9.4.2　TRADE 任务

　　我们将交易分为计划和执行两个阶段，原因有二。首先，我们不能让计算时间延误交易。其次，我们想让开发者选择适合于他们及其经纪商的编程语言来执行交易。许多情况下，这个编程语言是 R，但是用经纪商直接支持的编程语言来执行交易更加可行。

　　下面启发式的算法适用于任何可以实现资产组合投资管理框架的编程语言。

　　1. 在开市之前的 60～300 秒初始化程序，并试图建立与经纪商之间的连接。如果连接成功，维持不中断。如果连接失败，则重新尝试直到成功。

2. 读取卖出交易和买入交易数据。在开市前设置好必要的变量。

3. 开市时，迅速在市场上发出卖出指令。

4. 如果现金可用的话，迅速甚至一开始就发出买入指令。每只股票买入 $\dfrac{C}{K-k}$ 美元，C 为手头的现金，K 为待持有资产的总数，k 为现有资产的数量。

5.（可选）在执行前、中、后的任何时间点，根据用户定义的安全措施和风险规避准则调整交易行为，包括避免隔夜价格走势不利的股票，或者在账户权益总额达到特定值时停止交易活动。

如果没有具体的交易，这个过程是很难用代码明确给出的。在本章和附录 A 中不会提供 TRADE 任务的具体代码。本章的其余部分将讨论一系列通信协议和数据格式。我们会特别关注用 R 处理和操作连接及数据格式的方法。读完本章以后，相信读者已经有充分的知识储备，理解来自于各种经纪商的 API 说明文档。

9.5　一般性的数据格式

我们将讨论可扩展标记语言（XML）、JavaScript 对象符号（JSON）、财务信息交换（FIX）以及 FIX 和 XML 的混合体（FIXML）。

XML 的数据操作由 XPath 完成，XPath 是与具体语言无关的。对于 JSON 数据，尽管类似于 XPath，但它们是非标准的。处理 JSON 数据需要结合依赖于特定语言的特定程序包，并且其前提是 JSON 格式是组织良好的。

JSON 文档几乎总是可以传递等效于 XML 文档的信息，并且使用更少的字符，因此引发了许多关于 XML 是否将在未来完全被淘汰的争论。但 XML 在可读性、可访问性和标准化方面具有优势。用户通常会看到 XML 用于具备高度可变化格式和小消息体量的场景，它避免了对 JavaScript 技术的直接依赖，而 JavaScript 是 JSON 所依赖的。

9.5.1　处理 XML

XPath 是处理 XML 的通用语言，它可以被认为是 XML 中类似正则表达式的东西，熟悉字符串处理的读者一定熟悉正则表达式。很像正则表达式，几乎每种语言都有一个可应用于标准 XPath 的接口，尽管接口会因语言而异——通常因程序包/库而异。

R 中最强大的 XPath 库简称为 XML，本书曾使用它来组织从 YQL 获取的数据。我们介绍 XPath 时，也将使用一个来自 YQL 的示例，并讨论在 R 中处理 XML 的一些实用方法。

首先，我们对第 2 章的一个代码片段稍作修改，从 YQL 中获取一个小的 XML 文档。我们提取到的是苹果和雅虎两天的股票价格数据。xmlParse()函数可以接受文件路径或 URL，它将返回在 C 级文档对象模型（DOM）中进行内部组织的 XML 文档，这是一个将 XML 树的节点存储为对象的特殊 C 对象。也意味着如果我们想有效地处理 XML 文档，将使用 XPath 在 C 级 DOM 组织它们，然后将数据映射为 R 对象。DOM 可以直接映射为 R 列表对象，因为它们具有相似的树结构。尽管 XML 提供了方法完成该操作，但为了规避丢失 DOM 细节的风险，不得不先牺牲一下 XPath 的效率。

125

查阅 xmlParse()的帮助文档获取变异形式及可选参数可以处理更多的外来 XML 文档。

```
library(XML)

base <- "http://query.yahooapis.com/v1/public/yql?"
begQuery <- "q=select * from yahoo.finance.historicaldata where symbol in "
midQuery <- "('YHOO', 'AAPL') "
endQuery <- "and startDate = '2016-01-11' and endDate = '2016-01-12'"
endParams <- "&diagnostics=false&env=store://datatables.org/alltableswithkeys"

urlstr <- paste0(base, begQuery, midQuery, endQuery, endParams)

doc <- xmlParse(urlstr)
```

变量 doc 现在是对 C 级 DOM 的引用。如果我们将变量打印到 R 控制台，可以看到 XML 文档。代码清单 9-2 显示了打印变量 doc 后的输出。我们将使用这些内容作为变量，用以给出 R 中的 XPath 示例。此外，代码清单 9-3 提供了一个常用的 XPath 字段类型列表以供参考。

代码清单 9-2　YQL XML 输出样例

```
<?xml version="1.0" encoding="UTF-8"?>
<query xmlns:yahoo="http://www.yahooapis.com/v1/base.rng" yahoo:count="4"
yahoo:created="2016-06-25T22:09:50Z" yahoo:lang="en-US">
  <results>
    <quote Symbol="YHOO">
      <Date>2016-01-12</Date>
      <Open>30.58</Open>
      <High>30.969999</High>
      <Low>30.209999</Low>
      <Close>30.690001</Close>
      <Volume>12635300</Volume>
      <Adj_Close>30.690001</Adj_Close>
    </quote>
    <quote Symbol="YHOO">
      <Date>2016-01-11</Date>
      <Open>30.65</Open>
      <High>30.75</High>
      <Low>29.74</Low>
      <Close>30.17</Close>
      <Volume>16676500</Volume>
      <Adj_Close>30.17</Adj_Close>
    </quote>
    <quote Symbol="AAPL">
      <Date>2016-01-12</Date>
      <Open>100.550003</Open>
      <High>100.690002</High>
      <Low>98.839996</Low>
      <Close>99.959999</Close>
      <Volume>49154200</Volume>
      <Adj_Close>98.818866</Adj_Close>
    </quote>
```

```
    <quote Symbol="AAPL">
      <Date>2016-01-11</Date>
      <Open>98.970001</Open>
      <High>99.059998</High>
      <Low>97.339996</Low>
      <Close>98.529999</Close>
      <Volume>49739400</Volume>
      <Adj_Close>97.40519</Adj_Close>
    </quote>
    </results>
  </query>
<!-- total: 89 -->
<!-- main-9ec5d772-3a4c-11e6-a4df-d4ae52974c31 -->
```

代码清单 9-3　一般性的 XML 字段类型

```
# 开和闭 XML 标签，内空
<Date></Date>

# 开和闭 XML 标签，内含有值
<Date>2016-01-11</Date>

# 开和闭 XML 标签，内含值和属性
<Date format="YYYY-MM-DD">2016-01-11</Date>

# 自关 XML 标签
<Date />

# 自关一个含有属性的标签
<Date format="YYYY-MM-DD" value="2016-01-11" />

#  XML 注释
<!-- some comment or explanation -->

#  XML 声明
<?xml version="1.0" encoding="UTF-8"?>

# 过程说明
<?xml-stylesheet type="text/xsl" href="XLS/Todo.xsl" ?>

# 字符数据实体（转义符号字符）
<codeSnippet><![CDATA[ y < x | z > sqrt(y) ]]></codeSnippet>
# 文档类型声明
<!DOCTYPE html>
```

　　XPath 会检查 XML 文档，就像一个文件系统带有额外的控制结构。XPath 查询由下述一个或多个以正斜杠分隔的语句组成。我们将在本书解释 axis、node-test 和 predicate 的含义。

```
axis::node-test[predicate]
```

　　axis 参数有许多缩写，因此我们很少明确地指定它。许多 XPath 轴的工作方式与 UNIX 和 MS-DOS 命令行中文件系统轴相似。我们可以使用单个（英文）句号来指定轴自身或两个句号来指定父轴。表 9-2 详细介绍了常见的 XPath 轴。

表 9-2　　　　　　　　　　　　　　　　常见的 XPath 轴

轴	符号	描述
子	缺省	选取低于参考节点级别的所有子节点，缺省
属性	@	选取参考节点的属性
父	..	选取文本节点的级别。/someNode/../anotherNode 是在 someNode 的 DOM 级别中搜索 anotherNode
后代	无	任何与参考节点相关的子元素、子元素的子元素等
后代或自身	/	除了包括参考节点之外，这和后代一样。从文本角度看，它看起来像 someNode//descendentNode，正如其在典型的分隔符中添加了一道斜杠
祖先	无	所有参考节点之上的级别
祖先或自身	无	所有参考节点之上包括其自身的级别
以下	无	文档中参考节点之下的子节点
之前	无	文档中引用节点之上的子节点
以下-同类	无	文当中所有与参考节点同一级别及以下的级别
之前-同类	无	文档中所有与参考节点同一级别及以上的级别
命名空间	无	选取带有命名空间的节点

　　XPath 轴的缩写一般是最常用的。有关缩写及其等价的长形式表达式的示例，请参见代码清单 9-4。

代码清单 9-4　XPath 缩写

```
# 子节点
child::someNode
someNode

# 属性值
attribute::someAttr
@someAttr

# 父节点
someNode/parent::*/someSibling
someNode/../someSibling

# 后代或自身
someNode/descendent-or-self::node()/someDescendent
someNode//someDescendent

# 祖先（没有简写）
someNode/ancestor::someAncestorNode
```

node-test 参数最常见的是节点的名称。测试指定名称与树的节点之间的相等性可以通过指定节点名为缺省来实现。其他参数（如星号和条件符号）可以混合输入。考虑到 XML 包在 R 中的灵活性，这些一般会被弃用。XML 属性也可以在 node-test 中访问，但最好也由 XML 包中的函数进行操作。

谓词是附加到 node-test 的条件语句。除了满足 node-test 的要求，节点必须满足谓词的要求。谓词可以包含条件测试和本地 XPath 函数，这些函数能够引用 XML 文档中的任何一条信息，这使得它们比选择特定节点集的 node-test 更加强大。一般来说，node-test 可以被认为具有 UNIX 目录引擎的常规能力，用于灵活地访问文件。谓词可以被认为是 XPath 额外的特有功能。轴有许多与 UNIX 文件系统相似的功能，但很多是特定于 XPath。表 9-3 详细介绍了常用的 XPath 谓词函数以供参考。

表 9-3　　　　　　　　　　　　一般性的 XPath 谓词函数

函数	输入	描述
last()	无	参考节点集中的元素数目
position()	无	参考节点的位置编号
count()	无	节点集中的元素数目
name()	无	参考节点中第一个节点的名称
concat()	一个或多个字符串	返回提供的字符串参数的联结体
starts-with()	目标和搜索字符串	如果第一个字符串以第二个为开始，返回 true
contains()	目标和搜索字符串	如果第一个字符串包含了第二个，返回 true
substring()	位置 a 长度 b	字符串中从 a 开始长度为 b 的那部分
string-length()	单字符串	提供字符串的字符数
算术运算符	如含义所指	加、减、除、乘、取模
比较运算符	如含义所指	如<、<=、>、>=、=所代表的含义一样
not()	单布尔型	not(a = b)与 a != b 等效
逻辑运算符	如含义所指	以所有小写形式拼写的 and 和 or

代码清单 9-5 将给出本节前面提到的由变量 doc 指代的 XML 数据的一些示例。测试 XML 查询的一个好方法是为 getNodeSet()函数提供最少的参数。而我们将给它提供更多的参数，并在实际操作中调用 xpathSApply()。

代码清单 9-5　YQL 数据的 XPath 示例

```
# 将树降级到每一个股票的 quote（见上述打印的 doc）
getNodeSet(doc, "/query/results/quote")

# 获取第 2 个 quote
getNodeSet(doc, "/query/results/quote[2]")

# 降级到树第 3 个级别，获取第 2 个元素
getNodeSet(doc, "/*/*/*[2]")
```

```
# 不管级别，获取所有名称为 quote 的节点
getNodeSet(doc, "//quote")

# 获取所有属性 Symbol=AAPL 的节点
getNodeSet(doc, "/query/results/quote[@Symbol = 'AAPL']")

# 获取最后一个 quote
getNodeSet(doc, "/query/results/quote[last()]")

# 获取前 3 个 quote
getNodeSet(doc, "/query/results/quote[position() <= 3]")

# 获取所有 quote 中收盘价小于 40 的节点
getNodeSet(doc, "/query/results/quote[./Close < 40]")

# 获取所有小于 40 的收盘价
getNodeSet(doc, "/query/results/quote[./Close < 40]/Close")
```

在实践中，我们使用的是结构已知的 XML。利用对该结构的熟悉度，将 XML 直接转换为更为习惯的 R 对象，这通常是数据框或者列表。

我们的示例中使用的 YQL 输出可以轻松地映射为数据框，每行包含价格信息、日期和相应的股票代码。我们首先需要将树降级到含有 4 个节点的 quote 级别，降级树的过程可能需要花费大量的时间，尤其是处理大或者复杂的 XML 数据。因此，我们提出一个关键点，可以用尽可能少的次数进行降级。我们提供函数 xpathSApply() 和 xmlValue() 乃至函数 getNodeSet() 来完成这个任务。这充分利用了 R 语言 XML 程序包的一个特性，该特性允许我们只进行一次树降级但可进行多次查询，并且以不生成独立变量的方式分别复制树中的每一块内容。这个代码在计算上高效并且紧凑。以下，我们将降级树两次，首先使用 xmlValue() 获取价格数据，然后使用 xmlAttrs() 获取节点属性。注意我们是如何不使用@符号而访问到属性的。代码清单 9-6 给出用@符号来处理该问题的方式等效但缺乏稳健性。代码清单 9-6 以符合逻辑且更加紧凑的方式将 YQL XML 数据转换为数据框。

代码清单 9-6　将 YQL 通过 XPath 转换为数据框

```
# 降级树到该点
root <- "/query/results/quote"

# 降级根目录中的每一叶
leaves <- c("./Date", "./Open", "./High", "./Low",
            "./Close", "./Volume", "./Adj_Close")

# 以列表方式获取数据
df <- getNodeSet(doc, root, fun = function(v) xpathSApply(v, leaves, xmlValue))

# 将节点属性作为股票代码
sym <- getNodeSet(doc, root, fun = function(v) xpathSApply(v, ".", xmlAttrs))

# 本例中以下代码与上述几行等效
```

```
#    sym    <-    as.character(getNodeSet(doc,    "/query/results/quote/@Symbol"))

# 组织其成为数据框
df <- data.frame(t(data.frame(df)), stringsAsFactors = FALSE)

# 追加股票代码
df <- cbind(unlist(sym), df)
df[,3:8] <- lapply(df[3:8], as.numeric)
df[,1] <- as.character(df[,1])

# 修理好名称
rownames(df) <- NULL
colnames(df) <- c("Symbol", substring(leaves, 3))
```

9.5.2　生成 XML 文档

我们可以注意到，XML 命名空间与属性类似，但必须使用不同的参数进行声明。我们将使用 XML 来传输和接收数据。XML 包功能强大，可以直观地生成 XML 文档。交易者生成的最常见的 XML 文档是 FIXML 消息。以下部分我们将讨论 FIX 和 FIXML，但现在给出一个简单的示例，它是使用 XML 包来生成的。代码清单 9-7 给出了一个简单的 FIXML 示例消息，代码清单 9-8 使用 XML 包生成了相同的消息。

代码清单 9-7　FIXML 示例消息

```
<FIXML xmlns="http://www.fixprotocol.org/FIXML-5-0-SP2">
  <Order TmInForce="0" Typ="1" Side="1" Acct="999999">
    <Instrmt SecTyp="CS" Sym="AAPL"/>
    <OrdQty Qty="100"/>
  </Order>
</FIXML>
```

代码清单 9-8　生成 XML 数据

```
library(XML)

# 生成代码清单 9.7 中的 XML 消息
out <- newXMLNode("FIXML",
                  namespaceDefinitions =
                    "http://www.fixprotocol.org/FIXML-5-0-SP2")


newXMLNode("Order",
           attrs = c(TmInForce = 0, Typ = 1, Side = 1, Acct=999999),
           parent = out)


newXMLNode("Instrmt",
           attrs = c(SecTyp = "CS", Sym = "AAPL"),
           parent = out["Order"])


newXMLNode("OrdQty",
```

```
                        attrs = c(Qty = 100),
                        parent = out["Order"])

print(out)

# 额外的一个关于如何在非自闭的节点插入内容的例子
newXMLNode("extraInfo", "invalid content.", parent = out["Order"])
print(out)
```

9.5.3　处理 JSON 数据

JSON 数据可以用更少的字符处理 XML 文档传递的所有信息。不幸的是，这减少了标准化和灵活操控的空间。JSON 不具有处理属性的自然能力，因此如果要转换 XML 的属性就会创建名为 attr:{}或类似缩写的字段。有时，API 会判定某些 XML 属性不应被视为 JSON 中的属性，因此它会像普通数据字段一样处理属性。当 YQL 输出 JSON 时，属性 Symbol 就属于该情况。

我们将从 YQL 中请求与 XML 示例相同的数据作为 JSON 输出。JSON 足够简单，以至于能够无损地映射为 R 列表对象。我们没有一个标准的类比，可以像 XPath 那样有效地获取 JSON 中的内容，所以直接转向 R 列表并且开始工作。R 列表可以很容易地复制 XPath 的降级树行为，即通过许多双（方）括号进行取子集操作。

代码清单 9-9 从 YQL 加载了 JSON 数据，并将其组织成与代码清单 9-6 中相同的数据框。这个过程是相对简单的，因为树的 quote 层有 4 组，每组 7 个数据点。这使得 data.frame()可以通过默认设置输出有效的结果。但你也会很轻易地发现，结构不良或不完整的 JSON 数据是如何导致降级树过程变复杂的。

代码清单 9-9　处理 JSON 数据

```
library(RJSONIO)

base <- "http://query.yahooapis.com/v1/public/yql?"
begQuery <- "q=select * from yahoo.finance.historicaldata where symbol in "
midQuery <- "('YHOO', 'AAPL') "
endQuery <- "and startDate = '2016-01-11' and endDate = '2016-01-12'"

# 提供"format=json"参数到 URL
endParams <-
    "&diagnostics=false&format=json&env=store://datatables.org/alltableswithkeys"

urlstr <- paste0(base, begQuery, midQuery, endQuery, endParams)

# 请求之前进行 URL 编码
# 这是 XML 包会自动处理的
jdoc <- fromJSON(URLencode(urlstr))

# 格式化和输出数据框，如代码清单 9-6 一样
```

```
df <- data.frame(t(data.frame(jdoc[["query"]][["results"]][["quote"]]))),
                 stringsAsFactors = FALSE)
df[,3:8] <- lapply(df[3:8], as.numeric)
df[,1] <- as.character(df[,1])
rownames(df) <- NULL
```

值得讨论的是，fromJSON()函数是如何将 JSON 映射为 R 列表。你可能已经注意到，R 列表 jdoc 的叶都是命名好的向量。当使用缺省参数 simplify = Strict 时，fromJSON()对执行过程进行了简化。这会使可视化和将 R 列表转换为其他格式的操作变得简单。从技术上讲，将 JSON 文档映射到 R 列表生成的应该是严格的列表的列表，而不是命名向量的列表。这在 JSON 结构可变的情形下可能是很有用的。为此，我们指定参数 simplify = FALSE。有关简化单个或多个特定数据类型的选项，请参阅 fromJSON()的说明文档。

将生成的 JSON 输出很简单，因为任何 R 列表都可以立即转换为 JSON。JSON 文档的格式与在 R 中执行 str(jdoc)的结果类似。但如果需要将 R 列表的属性传递到 JSON 输出，要非常地小心。输出结果会因属性和程序包特定类的不同而不同。用户在开发过程中若要将 list 中的属性转到 JSON 文档，最好人工检验输出结果是否符合预期。

```
# 输出 list 对象的 JSON 体是以字符串的形式呈现
jout <- toJSON(jdoc)
```

URL 编码注释

代码清单 9-9 需要 URLencode()，因为使用 RJSONIO 包的 HTTP 请求不会自动编码。编码是用 ASCII 编码值替换不安全字符的过程。这些值是百分号后跟两个十六进制字符。各种 Web 安全实践和 HTTP 协议规范需要合法化 URL 编码。重要的是要知道通过 HTTP/HTTPS 传输不安全字符是被禁止的，并且通常会导致预期目标返回错误代码"400:Bad Request"。

浏览器和程序包通常会自动编码 URL，但诸如 RJSONIO 则不会，这就需要我们手动调用 URLencode()函数。

一些常见的不安全字符包括空格键及以下字符：< > # % { } | [ ] '。

9.5.4　金融信息 eXchange 协议

FIX 协议是被广泛接受并受到独立维护的金融通信协议。协议的通信常常是由低级语言建立，并且在标准 TCP 连接上建立专有的兼容 FIX 的连接而进行的。这也是各式各样的由零售经纪商提供并使用专有 SDK 建立的连接类型。

FIX 引擎是在双方建立和维护 FIX 连接的程序。有许多已存在的 FIX 引擎可提供现成的兼容性，而经纪商支持纯粹的 FIX 实践。

FIX 是一种极低延迟度的协议，最常用于经纪商或基金和电子交易所之间的订单管理系统。只有超低延迟策略可以从纯 FIX 的效率中显著受益，其他策略将不会显著受益于 FIX 消息的最小延迟度。我们的策略只涉及日常调整，因此不需要 FIX 极低延迟度的特性。尽管如此，理解 FIX 还是非常重要的，因为一般的客户端到经纪商的通信会是更加冗长的版本或 FIX 的类似物。

首当其冲的例子是 FIXML，它是适配于 FIX 的 XML。FIXML 牺牲了 FIX 的低延迟优势，但更方便阅读和处理。

非营利的 FIX 维护机构 FIX Trading Community 也在开发 FIXT。FIXT 代表着独立传输的 FIX，它最新的版本是 1.1，并试图使 FIX 独立于兼容 FIX 的 TCP 连接。这给经纪商创造了能够选择 TCP 连接以外的兼容 FIX 的机会，其中包括 Web 服务（主要是 HTTP/HTTPS）和消息队列（Amazon SQS、Microsoft 消息队列等）。这是一个可以不依赖于特定语言却标准化地获取金融信息的重大发展。经纪商在不远的未来或许可以通过 HTTPS 传输这类 FIXT 消息了，这将为所有能够安全地进行 HTTP 请求传输的语言打开超低延迟交易之门。

全面的 FIX 格式的处理超出了本文的范围，但仍需要知道有几个关键事实。FIX 消息包括以 ASCII 控制码（通常被称为开头字符，SOH）分隔的成对的大多数整型参取的关键值，其绝大多数为整型参数。SOH 可以表示为 ASCII 中的 A 或十六进制的 0x01。几乎在每个字符系统中，它被表示为零索引规则集合中的第二个字符。在 FIX 文档中，出于对可读性的考虑，它都通常被替换为管道字符。

重要的是要注意，虽然交易所可能支持大多数 FIX 功能，零售经纪商也只会提供有限的一组 FIX 功能。这种做法对于保护经纪商免于某些风险是必要的。由于 FIX 功能依赖于经纪商本身，学习 FIX 的最好方法几乎总是来自经纪商的文档，经纪商提供的示例是保证被支持的。交易者应当明智地遵循这些示例和指南，而不是期望经纪商具有支持其不熟悉的 FIX 的能力。

以下 FIX 消息是任意的一个购买股票 TESTA 的示例。纯 FIX 通过极简主义的特征区别于其他通信协议。FIX 消息并不像 FIXML 那样进行自我陈述，其参数名称是任意的整数值。

```
8=FIX.4.2|9=153|35=D|49=BLP|56=SCHB|34=1|50=30737|97=Y|
52=20000809-20:20:50|11=90001008|1=10030003|21=2|55=TESTA|54=1|38=4000|
40=2|59=0|44=30|47=I|60=20000809-18:20:32|10=061|
```

需要指出的是，FIX 的权威机构运作了一个异常缓慢、混乱和不可靠的网站 www.fixtradingcommunity.org/（截至 2016 年 6 月）。有些文档还能使用，但许多链接已经挂了，这是另外一个最好直接从经纪商提供的文档中学习 FIX 的原因。

9.5.5　FIX 可扩展标记语言（FIXML）

FIXML 是 XML 的一种，并且可以进行自我解释，这意味着其使用的缩略语和缩写可以完全解释消息的内容和目的。FIXML 故意牺牲掉 FIX 的最小延迟性，但具备了可读性和适应性。与 FIX 协议一样，最好从经纪商自己提供的示例中学习 FIXML，因为经纪商提供的功能少于 FIXML 的创建者所能实现的。

参数的位置在 FIXML 中很重要。参数作为属性放置在适当的节点中。表 9-4 讨论了一些常见的 FIXML 属性。仍有更多的参数可用于期权、复杂的指令、外汇以及固定收益等。但以下这些是股票交易最常用的属性。除此之外，我们也将讨论节点结构。

表 9-4　　　　　　　　　　　　　一般的 FIXML 属性

属性	节点	描述
Acct	Order	需要与所有订单请求一起传递的帐号
AcctTyp	Order	适用于空单补回，其中 AcctTyp = "5"

续表

属性	节点	描述
OrigID	OrdCxlReq	对于任何更改或取消请求，需要传递的订单 ID
Px	Order	限价指令的限价
SecTyp	Instrmt	安全类型。CS 为普通股
Side	Order	限定指令。1 = 买或空单补回，2 = 卖，5 = 卖空
Sym	Instrmt	证券的股票代号
TmInForce	Order	时间有效。0 = 天，1 = GTC，7 = 市场收盘。当 Type = 1 时不适用
Typ	Order	订单类型。1 = 市价，2 = 限价，3 = 停止，4 = 停止限价，P = 追踪止损
Qty	OrdQty	指定相应执行订单的股数

以下是代码清单 9-7 的副本。这个 FIXML 消息的含义是通过账户 999999 以市场价购买 100 股苹果股票。

```
<FIXML xmlns="http://www.fixprotocol.org/FIXML-5-0-SP2">
  <Order TmInForce="0" Typ="1" Side="1" Acct="999999">
    <Instrmt SecTyp="CS" Sym="AAPL"/>
    <OrdQty Qty="100"/>
  </Order>
</FIXML>
```

以下是以当日限价 690 美元，卖空 100 股 Google 股票的指令：

```
<FIXML xmlns="http://www.fixprotocol.org/FIXML-5-0-SP2">
  <Order TmInForce="0" Typ="2" Side="5" Px="690" Acct="999999">
    <Instrmt SecTyp="CS" Sym="GOOGL"/>
    <OrdQty Qty="100"/>
  </Order>
</FIXML>
```

这是一个以当日限价买入 100 股 Caterpillar，并替换现有订单 SVI-888888 的 FIXML 指令：

```
<FIXML xmlns="http://www.fixprotocol.org/FIXML-5-0-SP2">
  <OrdCxlRplcReq TmInForce="0" Typ="2" Side="1" Px="75" Acct="999999"
    OrigID="SVI-888888">
      <Instrmt SecTyp="CS" Sym="CAT"/>
      <OrdQty Qty="100"/>
  </OrdCxlRplcReq>
</FIXML>
```

FIXML 消息一般通过 HTTPS 和 FIX SSL 连接传输。通过 HTTPS 传输时，FIXML 消息将作为冗长的 HTML 参数提供在 POST 请求中。我们将在涉及 OAuth 时进一步讨论该问题。

9.5.6　R 中的 OAuth

我们已经详细讨论了 OAuth 的动态学。R 有一个简单的 ROAuth 包，它将 OAuth 的许多复杂通信步骤用单个 R 对象包装起来。在这个 R 对象中，用户可以管理连接并发出 GET/POST 请求。

根据用户对特定项目的安全许可，初始化 Oauth 的方法有很多。我们之前曾经提到，客户端系统中用于客户端-经纪商通信的 OAuth 通常将客户端交易程序视为其框架中的最终用户和第三方。在这种情况下，客户端将同时接收客户密钥对和 OAuth 密钥对。在客户端充当第三方，代表最终用户进行认证的情况下，将需要单个密钥对和单个访问—请求的 URL 对。

根据你的经纪商和密钥对以后，可以考虑使用代码清单 9-10 和 9-11 的多个部分。清单提供的代码说明 ROAuth 包可以针对不同的情境作出处理。

代码清单 9-10　带有密钥对和访问请求对的 ROAuth

```
# 示例代码不会执行
# 仅做示例用
library(ROAuth)

# 带有密钥对和访问请求对的请求
reqURL <- "requestUrl"
accessURL <- "accessUrl"
authURL <- "authenticationUrl"
cKey <- "consumerKey"
cSecret <- "consumerSecret"

credentials <- OAuthFactory$new(consumerKey=cKey,
                                consumerSecret=cSecret,
                                requestURL=reqURL,
                                accessURL=accessURL,
                                authURL=authURL,
                                needsVerifier=FALSE)
credentials$handshake()

# 发送 GET 请求至 URL
testURL <- "http://someurl.com/some parameters"
credentials$OAuthRequest(testURL, "GET")

# 发送 GET 请求至 URL
testURL <- "http://someurl.com/some un-encoded parameters"
credentials$OAuthRequest(testURL, "GET")
```

代码清单 9-11　带有两个密钥对及 FIXML 信息，而不带验证的 ROAuth

```
oKey <- "oauthKey"
oSecret <- "oauthSecret"
cKey <- "consumerKey"
cSecret <- "consumerSecret"
credentials <- OAuthFactory$new(consumerKey = cKey,
                                consumerSecret = cSecret,
                                oauthKey = oKey,
                                oauthSecret = oSecret,
                                needsVerifier=FALSE)

# 人工声明真实性，将其作为 complete
```

```
credentials$handshakeComplete <- TRUE

#   通过 OAuth 发送一个 FIXML 消息来测试带有发送请求的 URL
aFIXMLmessage <- c("<FIXML xmlns=...>content</FIXML>")
testURL <- "https://testurl.com/"
credentials$OAuthRequest(testURL, "POST", aFIXMLmessage)
```

POST 请求发送信息的 URL 格式与其他使用纯 GET 请求的 API 相同。POST 请求具有不同的标头，同时可以处理相当长的网址。

正如 ROAuth 版本 0.9.2，如果 API 需要验证请求或进行非持久性的 OAuth 会话，则需要手动覆盖"握手"验证程序。这允许 ROAuth 包根据请求传递验证信息，而不是依赖于持久的 OAuth 会话，这可能会在未来版本的 ROAuth 中被更改。对于依赖这种方法的 ROAuth 的用户来说，要密切关注 CRAN 及经纪商更新的说明文档和程序包。

9.6 小结

程序化的客户-经纪商通信是本文从始至终的核心。至此，我们为开发交易策略提供了一个精确的框架和一系列的示例。在本章中，我们已然请求你评估自己的能力、关系和财务状况，以选择客户—经纪商通信的方案。尽管本书尚未结束，但也已经接近尾声。我们仍然鼓励读者阅读后续章节，以便了解我们的平台如何在家用计算机上得到充分准备并且被执行，即便你还没有完全部署好自己的客户—经纪商通信。

下一章将讨论如何在 Windows 或 UNIX 系统的命令行自动化地处理不同的 R 任务，这是将交易平台投入生产的最后一步。

第 3 部分

■ ■ ■

产出交易

■ ■ ■

# 第 10 章

组织和自动运行脚本

本章涵盖 UNIX 系统的 CRON 任务和 Windows 系统的调度计划，实现交易脚本定时自动化执行。当你频繁地参阅附录 A 中已经完成的代码示例时，我们将会讨论哪种任务在执行。

10.1　组织脚本成任务

将一个自动化任务需要分成 4 个部分，分别称之为 UPDATE、PLAN、TRADE、MODEL。

UPDATE 任务每天将在 Yahoo! Finance 更新交易数据后运行一次，大约是在美国东部时间下午 5 点到 6 点。该程序更新了股票数据目录中的交易数据，以备其他脚本程序使用。

在更新数据后至下一交易日开始前，PLAN 任务开始运行。该任务将基于最新可得的数据运行策略，并向 TRADE 任务输出交易指令。

在执行层面，TRADE 任务是最具开放性的。如第 9 章所讨论的，可以寻找最合适的编程语言编写该任务。当美国东部时间早上 9 点 30 分新的交易日开启时，该程序脚本会立刻运行。它将严格依据 PLAN 任务的输出来执行交易。

MODEL 任务最为灵活，这项任务的目的是更新策略的参数，该策略最终被 TRADE 任务执行。基于交易者的不同模拟过程和最优化框架，该任务也许是每晚、也许是每周、也许是每月进行一次。过于频繁地执行 MODEL 任务并不一定必要，这取决于交易者对其策略的研究结果。或许只需要人为地更新策略参数，这时 MODEL 任务都不用被执行。

10.2　利用源函数调用任务

R 中 source()函数允许我们如同调用 R 函数一样地调用文件里的脚本，但是两者仍然存在如下重要区别。

- source()函数并不通过参数传递信息，而是通过 R 的源环境传输信息。
- R 函数在本地环境中生成参数在内存中的副本，并在函数运行终止将其删除。
- source()函数调用的所有脚本程序共享源环境范围，而独立的 R 函数调用不共享范围或者维持原范围不变。

简言之，source()函数允许我们轻而易举地将脚本分拆成块，以满足当前操作所需。通过

source()函数嵌套调用的方式，可以方便地按照之前所描述的那样运行 4 项任务。

该章节的剩余部分将描述附录 A 中源代码定义的那 4 项任务，它们在 source()函数中被嵌套调用。

10.3　通过源函数方式调用任务

已经像附录 A 中源代码那样组织过代码的用户可以通过 source()函数调用任务，如代码清单 10-1 所示。

代码清单 10-1　通过源函数方式调用任务

 # 警告：以下任务并不是同时运行的

```
# UPDATE 任务
source("~/Platform/update.R")

# PLAN 任务
source("~/Platform/plan.R")

# TRADE 任务
source("~/Platform/trade.R")

# MODEL 任务
source("~/Platform/model.R")
```

代码清单 10-1 是体现 source()函数强大功能的一个特殊示例。在实际操作中，我们试图自动化独立调用这些脚本程序。我们因此会引入 CRON 任务和 Windows 任务调度器。

10.4　Windows 中的任务调度

对于定时运行程序，Windows 任务调度相当于 UNIX 的 CRON 任务。为了理解如何在 Windows 任务调度器中运行 R 脚本，我们需要一些 MS-DOS 的基础知识。这里讨论的代码可以在 Windows 7、Windows 8 和 Windows 10 中运行，一些 Windows 早期的版本也可以成功运行这些代码，如 Vista 等。

10.4.1　在 Windows 中从命令行运行 R 语言

R 的安装包括了从命令行运行 R 控制台和从命令行运行脚本的功能。我们必须让 Windows 知道 R 语言的具体位置。R 安装生成了一个/bin/目录，该目录包含可执行的 R 和 R 脚本文件。在 Windows 中安装 R 也许会产生一个/bin/x64/目录，该目录包含 64 位可执行文件和 R 脚本的副本。找到这些可执行文件的最有效方法是将/bin/或/bin/x64/目录声明为环境变量的一部分。环境变量的内容可以通过简单地输入命令提示并点击确定查看。

　　Windows 用户可能不容易找到自己计算机中的 R 程序包。如果路径安装时是默认的，它应该在 C:/Program Files/R/R-3.x.x/bin/或 C:/Program Files/R/R-3.x.x/bin/x64/目录中，这取决于你计算机的具体架构。如果路径是自定义的，它应该在自定义的路径中。例如，如果用户使用的是 Microsoft R Open（MRO），文件应该在 C:/Program Files/Microsoft/MRO/R-3.x.x/bin/目录中。

　　代码清单 10-2 显示了在默认的 64 位 R 安装中将 R 二进制文件添加到路径变量所需的专有格式。在命令提示符下，尤其是在声明路径时，尊重相应的大小写和空格规则是十分重要的。

代码清单 10-2　在 Windows 中设置环境路径变量

```
set path= %path%;C:\Program Files\R\R-3.3.0\bin\x64
```

　　现在，我们能够从命令行调用 R 和可执行脚本。如果你想在 Windows 命令行运行 R，输入 R 点击确定就可以启动一个 R 终端窗口。输入停止命令函数 q()，便可以退出。

　　我们对 R 脚本的执行更感兴趣，我们能够从命令行运行脚本。如果想运行交易平台中 PLAN 任务的 R 脚本程序，可以在终端中运行代码清单 10-3 中的内容。注意，命令行将空格视作分隔符。如果一个文件路径本身包含空格，则需放置在双括号中。

代码清单 10-3　在命令行运行 R 脚本

```
Rscript C:\Platform\plan.R
```

　　像这样运行脚本是模糊不清的。脚本运行完成或终止的唯一标志是终端中重新出现大于符号。R 控制台的输出不发送到终端，通过把 R 控制台的输出传入一个文件，可以更好地观察脚本并在运行失败时进行诊断。

　　代码清单 10-4 用 cd 命令改变了目录，然后将 plan.R 控制台的执行结果输出到 planlog.txt 文件中。注意命令最后的 2>&1。这是一个有趣的控制台命令，这在 UNIX 和 Windows 终端中是同样存在的。它将 stderr 数据流送入到 stdout 数据流，结果将两个数据流存储在同一个文本文件中，类似于我们看到的实际 R 控制台输出的方式。stdout 和 stderr 数据流是任何控制台原始的标准输出和标准错误数据流。通常情况下，当采用 Rgui 或者 Rstudio 时，黑色的控制台输出代表 stdout 数据流，红色的控制台输出代表 stderr 数据流。

代码清单 10-4　传送控制台输出到文本文件

```
cd C:\Platform\errorlog
Rscript C:\Platform\plan.R > planlog.txt 2>&1
```

　　在我们调度 R 脚本之前，会将一些命令同时存储在 Windows BAT 文件中（或称为.bat 文件）。这是以.bat 结尾的 MS-DOS 命令文本文件，它们可以在终端中用一行命令执行。这使得同时调度多个终端命令变得更加方便简洁。代码清单 10-5 将我们讨论过的概念与一个单独的 BAT 文件联系起来。将该代码清单用文本编辑器保存为 C:/Platform/目录中的 plan.bat 文件。这确保了可以按照需要将路径更改为 R 二进制文件和日志记录所在的目录，为 UPDATE 任务、TRADE 任务以及可能被执行的 MODEL 任务生成并保存日志。

代码清单 10-5 运行 PLAN 任务的 BAT 文件 (plan.bat)

```
set path= %path%;C:\Program Files\R\R-3.2.3\bin
cd C:\Platform\errorlog\
Rscript C:\Platform\plan.R > planlog.txt 2>&1
```

10.4.2 设置和管理任务调度程序

可以从命令行实用程序 schtasks 访问 Windows 任务计划程序，这个实用程序有许多可变和缩略的参数，可能会使人迷惑。它可以适应非常复杂和大量的参数，但我们关注的是作为交易者需要什么。我们想在每个工作日的特定时间运行脚本，为此，执行代码清单 10-6 中创建的 schtasks 实用程序。

代码清单 10-6 使用 schtasks 调度 plan.r

```
schtasks /create /tn PLAN /sc weekly /d mon,tue,wed,thu,fri /mo 1 /st 19:00
/tr "C:\Platform\plan.bat"
```

阅读代码清单 10-6 可知，它创建（/create）了任务名称（/tn）为 PALN 的任务，是一个从周一到周五都会运行的周计划。我们用一个修饰语声明是每周运行，而不是每两周、3 周或者 4 周运行。最后，开始时间（/ st）为 1900 小时，命令只是运行（/ tr）C:/Platform/plan.bat，这将在每个工作日下午 7 点运行，为交易做好准备。

用户将需要用 BAT 文件为其他任务建立类似的日志。

这些任务也可以通过 Windows 任务调度程序 GUI 创建和管理。我们专注于命令行解决方案，以最小化教程对特定操作系统的依赖，进一步解释如何从命令行管理被的调度任务。常见的有关任务调度器的管理命令，请参见代码清单 10-7。

代码清单 10-7 管理被调度任务 PLAN 的示例

```
# 删除任务
schtasks /delete /tn PLAN

# 运行任务
schtasks /run /tn PLAN

# 发现正在运行的任务, 结束该任务, 并不影响调度过程
schtasks /end /tn PLAN

# 获取某一任务的信息
schtasks /query /tn PLAN

# 修改某一任务 (这个例子是在 PLAN 中移除周三)
schtasks /change /tn PLAN /d mon,tue,thu,fri

# 取消某一任务, 取消调度
schtasks /change /tn PLAN /disable
```

```
# 启动非活跃任务，恢复调度
schtasks /change /tn PLAN /enable
```

进一步研究 Windows 中的任务调度可以发现其允许用户添加感兴趣的功能。例如，当交易者不在场实时监控结果时，停止交易的好方法是在任务运行过程中强制用户认证。

10.5　UNIX 中的任务计划

UNIX 系统具有一些优点使得完成任务调度变得非常简单。在 UNIX 中，即使不改变 PATH 环境变量，R 和 Rscript 的执行也总是可以正常执行。此外，通过编辑一个文件的一行，调度任务就可以实现，该文件已经在管理你系统的 CRON 守护程序。

你要编辑的 CRON 文件基本上类似于/etc/crontab，但根据操作系统有所不同。计算机中的 CRON 每分钟都会检查/etc/crontab 文件和/etc/cron.*/目录中的文件，并在适当的时间执行相应的命令。

crontab 功能可以让 UNIX 用户安全地编辑和管理 CRON 文件中的敏感条目。最重要的是，编辑功能提供特定于 CRON 的安全性以及错误检查，这显然已经超越了寻常的文本编辑器。代码清单 10-8 是一般化的 crontab 命令。

代码清单 10-8　管理 CRON 任务

```
# 编辑 CRON 任务
crontab -e

# 删除所有特定于用户的 CRON 任务
crontab -r
```

如下是一个实用的 ASCII 图形，用来说明 CRON 作业格式。从这个格式架构中我们可以看出，CRON 不能处理与 Windows 任务调度复杂度等同的调度任务。然而，对于我们的目标来说，它已然足够。

```
* * * * * command to be executed
- - - - -
| | | | |
| | | | ----- Day of week (0 - 7) (Sunday = 0 or 7)
| | | ------- Month (1 - 12)
| | --------- Day of month (1 - 31)
| ----------- Hour (0 - 23)
------------- Minute (0 - 59)
```

在用 CRON 任务执行命令前，我们在 bash 脚本程序中调用 R 脚本。bash 脚本程序仅需要一行代码即可调用 R 脚本，但如果我们能够直接从 CRON 调用，控制台的输出将是在 CRON 级别而不是 R 级别。我们希望输出是在 R 控制台级别，以便能在文本文件中获得输出结果。

bash 脚本类似于 Windows 日志。注意，代码清单 10-9 的第 1 行不是注释，而是"shebang"符号（#!），后跟 bash 二进制文件的路径（/ bin / bash）。将代码清单 10-9 保存为平台目录中的 plan.sh，由 CRON 调用。

代码清单 10-9　针对 PLAN 任务的 Bash 脚本

```
#!/bin/bash
cd ~/Platform/errorlog
Rscript ~/Platform/plan.R > planlog.txt 2>&1
```

在终端中运行下面命令行，以确保文件是可执行的。

```
chmod +x ~ / Platform/plan.sh
```

通过运行 crontab −e 将代码清单 10-10 加入到/etc/crontab 文件，它将会在美国东部时间工作日的下午 7 点运行 PLAN 任务。

代码清单 10-10　对 PLAN 任务的 CRON 行

```
0 19 * * 1-5 ~/Platform/plan.sh
```

10.6　小结

你现在已经拥有了良好的知识储备，可以使用本章开发的 R 代码调度和配置交易任务。下一章将拿我们的平台和其他自动化交易系统进行比较，同时给你指明正确的方向，沿着这个方向你可以获取到更多的功能并且走向更为高级的自动化交易生涯。

第 11 章

▪ ▪ ▪ ▪

前瞻

我们的平台在清晰度和灵活性方面是十分突出的。R 语言清晰度非常好，但是运行一般比较慢。我们尽力加速了平台，但还是比用 C/C++编写的等价多核程序来得慢。

我们的平台为使用延迟的日度数据和零售经纪商的交易也提供了操作空间，尽管这些资源尚未达到自动化交易者期望的高度。

在本章中，我们会讨论如何实现更高频、进一步精简的自动化以及如何在自动化交易中获得职业生涯的提升。

11.1　语言的注意事项

我们已经详细讨论了用 R 语言进行交易的优势和劣势，如有必要请参考第 6 章的 6.1 节，本部分是其延伸讲解。

基于 R 语言的终端对终端的交易系统是罕见的，R 是一种调用低级语言的脚本语言。为了增加可读性，它牺牲了运行速度和内存效率。如果交易者倾向于进行高频交易或者搭建更快速的优化平台，除了 C/C++外，确实存在相对快速又不牺牲 R 语言优点的编程语言。

11.1.1　Python

Python 是一种清晰度高并且安全的编程语言，一般被用来搭建终端对终端的自动化交易系统。它依赖于低级语言运行，但是与 R 不同，它既可以编译，也可以解释。R 语言程序员学习 Python 相比 Java 或者 C/C++通常的时间花费更少。据了解，许多专家已经用这两种语言完成不同的任务，通常是依靠 R 进行探索性分析，依靠 Python 进行复杂算法的产品开发。

Python2.7.x 比 Python3.x 在开发环境中更普遍，因为前者出来的更早并且更可能被大多数可执行库支持。

11.1.2　C/C++

如果关心毫秒量级的差别，用 C/C++比 Python 更有价值。在多核程序中，C/C++在内存管理和线程通信方面的能力更强。在内存管理方面，精通 C/C++的程序员能够操作缓存文件并精细地优化计算时间。在多核计算方面，精通 C/C++的程序员能够从大量适用于线程通信的 CPU 指令中受益。

C/C++对习惯于脚本和解释型语言的程序员来说很难学。与研究相比，交易中速度更加受到关注。探索性分析和模型开发一般用 R 和 Python 进行，而单独的 C/C++程序使用研究的结果来实时地做出交易决策。

11.1.3　硬件描述语言

如果关心毫秒量级的差别，硬件描述语言（hardware description languages，HDLs）十分必要。HDLs 让物理电路基于文本输入构建，对于可编程逻辑器件来说，该语言一般与 C 语言相似。

高频交易中最灵活和一般的可编程逻辑器件是现场可编程门阵列（Field-Programmable Gate Array，FPGA）。为了理解什么是 FPGA，我们需要讨论专用集成电路（application-specific integrated circuit，ASIC）芯片。ASIC 芯片是一种小型电脑芯片，运行了日常生活中的大多数电子器件，如咖啡机、音响系统、跑步机等其他通常见到的电子器件。在功能上，FPGA 是一种可以根据命令重新制成的 ASIC 芯片。通过解释 HDLs 和在物理上改变器件的逻辑门，可以将我们需要的程序利用特殊的器件制到 FPGA。

通过数字逻辑门来表达程序使得许多传统 CPU 的器件不再是必要的。例如，FPGA 不再需要管理器，因为程序被印制到了芯片上，这就在本质上加速了计算。

FPGA 的开发需要很大的成本，并且带来了如编程技巧一样多的电子工程学的挑战。专门从事 FPGA 开发（能给工程师）带来很多有趣的生涯机遇，无论在高频交易内还是外。

11.2　零售经纪商和拒绝权

零售经纪商以客户的名义利用直面市场的交易算法进行交易。经纪商扮演着其他的直面市场的参与者的对手，这些参与者包括机构交易者、做市商、基金、银行和其他经纪商。经纪商代表客户，因此接受佣金以及管理与交易相关的风险。

直面市场的参与者是指不通过任何中间人直接与其他参与者进行交易的机构。

经纪商面临的一个巨大风险是杠杆或做空交易者的保证金违约。在多变的市场环境下，客户有很高的保证金追加风险。通常，经纪商将代表你退出头寸，并向你或你的账户收取欠缴费用。在多变的市场条件下，经纪人可能无法在强制清盘的情况下以合意的价格卖出证券，这可能导致客户无法支付欠缴保证金，并导致经纪业务的巨大损失。

为了减轻风险，经纪商能够拒绝起始头寸，这被称作拒绝权利，经纪商通常会持有无需裁定的拒绝权。声誉良好的经纪商不会滥用这项权利，以更好地服务客户。但事实仍然是，在任何情况下，客户发出的任何指令都不能保证被执行。

基于架构建立的平台不会触发拒绝权，因为它们的特点是不激进。激进的交易系统试图充分利用实时的价格变动，因此更易于触发拒绝权。直面市场交易的基金在激进的交易中有显著的优势，因为它们不受这一规定的约束。

瑞士货币危机中的拒绝权

关于拒绝权的一个令人难忘的例子发生在 2015 年 1 月 15 日，瑞士货币危机期间。在格林尼治标准时间上午 9:30，瑞士国家银行发表声明称放弃其货币与欧元的绑定，联邦存款利率降为 −0.75%。这立即引发了货币市场的巨大波动。USDCHF（美元兑瑞郎）在短短几分钟内下跌了 31%。

从格林尼治时间上午 9 点 30 分到大约 9 点 36 分，零售经纪商价格表反馈的数据没有显示任何 tick 级别的交易。这表明零售经纪商在此期间没有产生任何客户可执行操作的差价。这意味着，无论购买 USDCHF 的限价指令是在 9:30 之前还是之后发送，即使市场价格下跌到限价以下，都可能被拒绝。指令被拒绝的原因是，经纪商担心客户遭受超过其账户价值的损失以及出现大面积的违约。

在这次危机之后，许多零售货币经纪商降低了最大杠杆率，从 83% 降到 50%。此外，许多成熟经纪商的国外交易分支机构被出售或合并以减少损失。

11.3　连接延迟

机构投资者尽最大努力来保证连接的安全性并最小化连接花费的时间。

11.3.1　以太网与 Wi-Fi

作为一个最低限度的规定，任何运行自动化策略的计算机都应该通过以太网将硬件连接到调制解调器。这意味着连接到与调制解调器进行无线通信的路由器的计算机是不够的。只有当路由器与调制解调器具有硬件连线路径时，计算机才可以被连接到路由器。

任何自动化策略都将无线连接作为最后才被考虑的通信手段。Wi-Fi 连接明显比以太网连接慢，当不完美的连接发送的被损坏或不完整的数据包必须重新发送时，Wi-Fi 连接可能比以太网慢得多。数据包是以字节计的信息，包括通过连接传送的整块消息中的片段。路由器通过检查它们在传输中是否已损坏来管理数据包。如果数据包由于任何原因无法被传送，则在路由器通知数据包丢失后将被重新发送。与成功接收包相比，每个包的检查和通知过程花费更多的时间。

例如，IP 语音会损失 1%（几乎可以忽略不计）的数据，但当发生 5%～10% 的数据损失时通话内容将变得难以理解。Wi-Fi 的数据损失会根据信号须穿越的物理介质的不同而显著不同。金属和无机物使信号偏转和中断的程度往往是最大的。

以太网上的数据损失通常在 0.01%～0.1% 之间，这取决于电缆的长度和电缆周围的辐射源。光纤线路，如那些通过调制解调器来与以太网服务提供者通信的，通常有 0.1% 的数据损失。因此可以理解的是，一些大型基金已经通过纯光纤线路进行交易。

给定网络连接必须无损失地传输内容，如传输网页内容、电子邮件、交易信息等，我们能够估计的连接延迟等比例于下式：

$$k\left(1+\gamma\frac{p}{1-p}\right)$$

这里 k 是信息字节的大小，p 是信息经过全部通信介质传输后相应的数据损失。$\gamma > 1$ 是常数，指的是包发送发生故障的平均时间和发送的平均时间的比值。

如果通过 Wi-Fi 连接传输的信息有 10% 的数据损失，以太网连接有 0.1% 的数据损失，光纤连接有 0.0001% 的数据损失，我们得到 p 值为 0.101001。如果数据损失花费的时间大约是数据传输的 20 倍，此时 γ 值为 20。在这种情况下，相比无损失的信息传输，大小为 k 的信息将花费 $1+20\times\dfrac{0.101}{1-0.101}=3.246$ 倍更长的时间。

注意，这个公式假定信息传输速度相同。无线信息通过空间波传输要比通过电子线路传输信息花费更长的时间。如果信息传输数百英里，这种差异是巨大的，所以这个公式适用于较短距离的信息延迟的比较。

11.3.2 临近交易所

大型基金付出巨大的努力来确保它们靠近交易来减少连接延迟。交易所的运作是基于先到先服务的原则，所以邻近度能够显著影响高频交易的绩效。这使得基金通过比较谁与交易所大楼的服务器更加接近来进行竞争。当毫秒级变得重要时，机构交易者将服务器共同放置在金融交易所使用的相同数据仓库中。在这一点上，他们试图通过确保自己的服务器比竞争对手的服务器更靠近交易所的服务器，来消除毫微甚至微妙的连接延迟。

高频交易与其说是策略开发问题，不如说是网络问题。随着频率的提高，基金采用更加昂贵和更加疯狂的方式降低计算时间和连接延迟。

11.4 优先零售商

我们已经谈到了通过零售经纪商进行交易和直面市场直接交易，这分别代表着交易者依赖别人和追求自由的两个极端。优先经纪商介于两者之间，但偏向自由。优先经纪商的行为类似于零售经纪商，因为他们都可以提供杠杆和执行。不同之处在于，前者可以提供更多的功能和灵活性，根据客户的条款执行订单。这些通常是一些执行算法，用以指定外在的订单类型，如混合限价、止损和市价买卖等的订单，以获得某些合意的酌情权、速度或是市场影响。

交易者与优先经纪商建立的关系往往比零售经纪商更强大且更个性化。随着个人重视度的提高和每美元交易佣金的降低，最低的账户规模在增加。这些经纪商迎合富有的个人和基金而不是零售交易者。

11.5 消化信息和基本面

我们在本章中已经使用了大量的篇幅讨论如何增加交易频率。自动化交易的推进不限制增加交易频率。任何频率的自动交易系统都可以从自动地消化新闻和基本面等信息中受益。一些昂贵的服务将自动评估那些突发新闻影响市场的方向和显著度，因此，自动化交易的推进必然也包括程序员通过新闻测度市场情绪的能力。

第 9 章讨论了消化和组织 XML 数据的方法，开发者可以利用这些方法解析 HTML 数据。相对简单的自然语言处理能被用来推断新闻对市场情绪造成的影响。第 9 章的方法也可以用来消化资产的基本面信息。资产基本面的历史信息可以很容易地被纳入指标并优化至使其发挥最大功效。

11.6　小结

探索自动化交易的不同领域并且追求更高级别的职业生涯，对读者来说是机会多多的。无论是否使用 R 语言，都有众多的方式来搭建如本书所介绍的交易平台。我衷心希望你继续补充知识并在该领域取得持续进步！

附录 A

■■■

源代码

本附录包含书中所涵盖的所有 R 项目目录中的源代码。R 项目目录是一种传统的源代码文件结构，可以被根目录中的授权脚本所调用。在案例中，我们将继续用 2.1.1 节中的被命名成 rootdir 的根目录，创建一些新的目录来保存源代码，并在列表中逐一声明目录，使它们得到良好的组织。

在本附录中，每一个脚本会以它的文件路径命名。为了让平台运转，复制和保存这些文件时，你最好能在恰当的位置进行恰当的命名。初始的注释将会给出，新的项目级别代码的注释也会包含其中。如果需要更多的解释，我们鼓励你查阅代码相应的章节。

区分授权脚本和任务脚本十分重要。授权脚本也许会调用其他的脚本，但是要依赖之前的脚本才能正确运行。任务脚本是最高级别脚本，这意味着它可以独立运行。这可以在命令行，或者通过调用 source()，再或者手动在 Rgui 与 RStudio 中完成。

A.1　Platform/config.R

该文档的所有内容都是可以编辑的。在每一个授权脚本的开始位置，需要设置重要的全局变量。如果平台中存在其他会被用户频繁编辑的变量，该变量应该在列表 CONFIG 中声明。在源代码中声明的变量随后会被修改成列表 CONFIG 中的适当条目。

因为列表可以被扩展以容纳任意数目的变量，所以使用它来保存配置变量。我们的代码会频繁地使用 rm() 函数来清空 R 环境中的变量，除了一些指定的变量。诸如 DIR、CONFIG 和 DATA 等列表会一直排除在清空范围之外。默认情况下，我们会用 CONFIG 来存储函数对象，这些对象会被用于多核 rollapply() 的调用。

如果用户的文件路径与默认值不同，用户需要重新编辑本节中的文件路径。改变根目录不会产生什么不良后果，但是你需要保持相同的目录结构以确保平台正常运行。

```
DIR <- list ()
DIR[["root"]] <- "~/Platform/"
DIR[["data"]] <- "~/Platform/stockdata/"
DIR[["function"]] <- "~/Platform/functions/"
DIR[["load"]] <- "~/Platform/load/"
DIR[["compute"]] <- "~/Platform/compute/"
DIR[["plan"]] <- "~/Platform/plan/"
```

```
DIR[["model"]] <- "~/Platform/model/"

CONFIG <- list ()

# Windows 用户应当设置为FALSE

CONFIG[["isUNIX"]] <- TRUE

# 设置适宜的多核过程的数目。
# Windows 用户需要小心这些过程的内存需求。
CONFIG[["workers"]] <- 4

# 模拟、优化及可能的交易执行过程中的做大的资产数目。
CONFIG[["maxAssets"]] <- 10

# MODEL 任务中，最优化函数的最大迭代数。
# 所有用户需要注意时间约束。
CONFIG[["maxIter"]] <- 100

# 排列以及标准化年份，来训练改善MODEL 任务中的策略
CONFIG[["y"]] <- 2016

CONFIG[["minVal"]] <- c(n1 = 1, nFact = 1, nSharpe = 1, shThresh = .01)
CONFIG[["maxVal"]] <- c(n1 = 150, nFact = 5, nSharpe = 200, shThresh = .99)

CONFIG[["PARAMnaught"]] <- c (n1 = -2, nFact = -2, nSharpe = -2, shThresh = 0)

setwd (DIR[["root"]])
```

A.2　Platform/load

该部分涵盖的脚本是关于获取、更新、存储和准备用于分析的数据，这将包括第 2 章至第 3 章的大多数内容。

A.2.1　Platform/load.R

这是将数据载入内存并将其准备用于分析的授权脚本。在命令行调用最高优先级的授权脚本会运行这个脚本来载入数据。

```
setwd (DIR[["load"]])
cat ("initial.R\n\n")
source ("initial.R")

setwd (DIR[["load"]])
cat ("loadToMemory.R\n\n")
source ("loadToMemory.R")

setwd (DIR[["load"]])
```

```
cat ("updateStocks.R\n\n")
source ("updateStocks.R")

setwd (DIR[["load"]])
cat ("dateUnif.R\n\n")
source ("dateUnif.R")

setwd (DIR[["load"]])
cat ("spClean.R\n\n")
source ("spClean.R")

setwd (DIR[["load"]])
cat ("adjustClose.R\n\n")
source ("adjustClose.R")

setwd (DIR[["load"]])
cat ("return.R\n\n")
source ("return.R")

setwd (DIR[["load"]])
cat ("fillInactive.R\n\n")
source("fillInactive. R")

cat("\n")
```

A.2.2　Platform/update.R

这是用于 UPDATE 任务的任务脚本。这项任务更新了股票数据目录中的数据。在分析之前运行这个脚本将允许 load.R 脚本跳过更新步骤，并直接将股票数据载入内存。

```
source ("~/Platform/config.R")

setwd (DIR[["load"]])
cat ("initial.R\n\n")
source ("initial.R")

setwd (DIR[["load"]])
cat ("loadToMemory.R\n\n")
source ("loadToMemory.R")

setwd (DIR[["load"]])
cat ("updateStocks.R\n\n")
source ("updateStocks.R")

cat ("\n")
```

A.2.3　Platform/functions/yahoo.R

如果你已经使用了清单 2-2 中的 dump()函数将 yahoo()函数保存为一个 R 对象，那么可以跳过该部分。在这里，我们将函数声明保存为一个 R 脚本。当它在其他的脚本中被 source()调用时，将以同样的方式运行。

```
# 代码清单 2-2

yahoo <- function(sym, current = TRUE,
                  a = 0, b = 1, c = 2000, d, e, f,
                  g = "d")
{

  if(current){
    f <- as.numeric (substr(as.character(Sys.time()), start = 1, stop = 4))
    d <- as.numeric (substr(as.character(Sys.time()), start = 6, stop = 7)) - 1
    e <- as.numeric (substr(as.character(Sys.time()), start = 9, stop = 10))
  }

  require (data.table)

  tryCatch (
  suppressWarnings (
  fread ( paste0 ("http://ichart.yahoo.com/table.csv",
                  "?s=", sym,
                  "&a=", a,
                  "&b=", b,
                  "&c=", c,
                  "&d=", d,
                  "&e=", e,
                  "&f=", f,
                  "&g=", g,
                  "&ignore=.csv"), sep = ",")),
  error = function(e) NULL
  )
}
```

A.2.4　Platform/load/ initial.R

该脚本发出的是对完整股票历史数据的初始请求，适用于那些.csv 文件尚不在目录中的股票代码。该脚本同时在代码向量 S 中检查无效代码，并将它们保存起来，从而防止向雅虎提交重复的 HTTP 请求错误。

```
# 代码清单 2-3 和代码清单 2-4

setwd (DIR[["function"]])
source ("yahoo.R")

setwd (DIR[["root"]])
if("S.R" %in% list.files ()) {
  source ("S.R")

} else {
  url <- "http://trading.chrisconlan.com/SPstocks.csv"
  S <- as.character ( read.csv (url, header = FALSE)[,1])
```

```
    dump (list = "S", "S.R")
}

invalid <- character (0)
if("invalid.R" %in% list.files ()) source ("invalid.R")

setwd (DIR[["data"]])
toload <- setdiff (S[! paste0 (S, ".csv") %in% list.files ()], invalid)

if( length (toload) != 0){
  for(i in 1: length (toload)){

  df <- yahoo (toload[i])

  if(! is.null (df)) {
    write.csv (df[ nrow (df):1], file = paste0 (toload[i], ".csv"),
               row.names = FALSE)
  } else {
    invalid <- c (invalid, toload[i])
  }

}
}

setwd (DIR[["root"]])
dump (list = c ("invalid"), "invalid.R")

rm (list = setdiff ( ls (), c ("CONFIG", "DIR", "yahoo")))
gc ()
```

A.2.5 Platform/load/ loadToMemory.R

该脚本将数据目录载入内存，并确保它们在内存中按照日期升序排列。如果数据在目录中按照日期升序排列，该脚本运行时间小于 10 秒。如果该脚本花费过长时间，你也许需要检查数据目录的格式是否出现错误。

```
# 代码清单 2-5

setwd (DIR[["data"]])
S <- sub (".csv", "", list.files ())

library (data.table)

DATA <- list ()
for(i in S){
  suppressWarnings (
  DATA[[i]] <- fread ( paste0 (i, ".csv"), sep = ","))
  DATA[[i]] <- (DATA[[i]])[ order (DATA[[i]][["Date"]], decreasing = FALSE)]
}
```

A.2.6 Platform/load/ updateStocks.R

该脚本更新内存以及数据目录中的数据。它试图用代码清单 2-7 中介绍的 YQL 方法更新数据，但如果数据已经超过 20 天没有更新，出于避免从 YQL 接收到不完整的 XML 请求的考虑，它被默认为使用代码清单 2-6 介绍的 CSV 方法。

该脚本与第 2 章中的原始脚本不同，原始脚本包含对调整收盘价的确认机制。如果调整收盘价已经由于分红或股票分隔等的原因被回溯性地更改了，我们应该重新从 Yahoo! Finance 重新下载该股票的全部历史数据。我们的股票中大约有 350 支是定期分红者，所以应该触发一个每天平均重新下载 $\dfrac{350}{252/4}$ 支股票的机制。

```
# 代码清单 2-7

setwd (DIR[["data"]])
library (XML)

batchsize <- 51

redownload <- character (0)

for(i in 1:( ceiling ( length (S) / batchsize)) ){

  midQuery <- " ("
  maxdate <- character (0)

startIndex <- ((i - 1) * batchsize + 1)

endIndex <- min (i * batchsize, length (S))

for(s in S[startIndex:(endIndex - 1)]){
  maxdate <- c (maxdate, DATA[[s]][[1]][ nrow (DATA[[s]])])
  midQuery <- paste0 (midQuery, "'", s, "', ")
}

maxdate <- c (maxdate, DATA[[S[endIndex]]][[1]]
             [ nrow (DATA[[S[endIndex]]])])

startDate <- max (maxdate)

useCSV <- FALSE
if( startDate <
    substr ( strptime ( substr ( Sys.time (), 0, 10), "%Y-%m-%d")
           - 20 * 86400, 0, 10) ){
  cat ("Query is greater than 20 days. Updating with csv method.")
  useCSV <- TRUE
  break
```

```r
}
startDate <- substr ( as.character ( strptime (startDate, "%Y-%m-%d") + 86400), 0, 10)
endDate <- substr ( Sys.time (), 0, 10)

isUpdated <- as.numeric ( difftime ( Sys.time (), startDate, units = "hours")) >= 40.25

weekend <- sum ( c ("Saturday", "Sunday") %in%
                weekdays ( c ( strptime (endDate, "%Y-%m-%d"),
                              c ( strptime (startDate, "%Y-%m-%d")))))) == 2

span <- as.numeric ( difftime ( Sys.time (), startDate, units = "hours")) < 48

runXMLupdate <- startDate <= endDate & !weekend & !span & isUpdated

# 返回查询日期以验证与 adj.close 相应的额外天数
startDateQuery <- substr ( as.character (
  strptime (startDate, "%Y-%m-%d") - 7 * 86400
  ), 0, 10)

if( runXMLupdate ){
base <- "http://query.yahooapis.com/v1/public/yql?"
begQuery <- "q=select * from yahoo.finance.historicaldata where symbol in "
midQuery <- paste0 (midQuery, "'", S[ min (i * batchsize, length (S))], "' ) ")
endQuery <- paste0 ("and startDate = '", startDateQuery,
                   "' and endDate = '", endDate, "'")
endParams <- "&diagnostics=true&env=store://datatables.org/alltableswithkeys"

urlstr <- paste0 (base, begQuery, midQuery, endQuery, endParams)

doc <- xmlParse (urlstr)

df <- getNodeSet (doc, c ("//query/results/quote"),
                  fun = function(v) xpathSApply (v,
                                                c ("./Date",
                                                  "./Open",
                                                  "./High",
                                                  "./Low",
                                                  "./Close",
                                                  "./Volume",
                                                  "./Adj_Close"),
                                               xmlValue))

if( length (df) != 0){

symbols <- unname ( sapply (
    getNodeSet (doc, c ("//query/results/quote")), xmlAttrs))

df <- cbind (symbols, data.frame ( t ( data.frame (df, stringsAsFactors = FALSE)),
            stringsAsFactors = FALSE, row.names = NULL))

names (df) <- c ("Symbol", "Date",
```

157

```
                    "Open", "High", "Low", "Close", "Volume", "Adj Close")

df[,3:8] <- lapply (df[,3:8], as.numeric)
df <- df[ order (df[,1], decreasing = FALSE),]

sym <- as.character ( unique (df$Symbol))

for(s in sym){

  temp <- df[df$Symbol == s, 2:8]
  temp <- temp[ order (temp[,1], decreasing = FALSE),]

  # 检查adj.close 数据与相应的日期是否相等
  # 如果不相等，保存并稍后重新下载
  if( any ( !DATA[[s]][DATA[[s]][["Date"]] %in% temp[,1]]$"Adj Close" ==
    temp[temp[,1] %in% DATA[[s]][["Date"]],7] ))
  {

    redownload <- c (redownload, s)

  } else {

    startDate <- DATA[[s]][["Date"]][ nrow (DATA[[s]])]

    DATA[[s]] <- DATA[[s]][ order (DATA[[s]][[1]], decreasing = FALSE)]
    DATA[[s]] <- rbind (DATA[[s]], temp[temp$Date > startDate,])
    write.table (DATA[[s]][DATA[[s]][["Date"]] > startDate],
                        file = paste0 (s, ".csv"), sep = ",",
                        row.names = FALSE, col.names = FALSE, append = TRUE)

  }
}
}
}
}

# 代码清单 2-6

if( useCSV ){
for(i in S){
  maxdate <- DATA[[i]][["Date"]][ nrow (DATA[[i]])]
  isUpdated <- as.numeric ( difftime ( Sys.time (), maxdate, units = "hours")) >= 40.25
  if( isUpdated ){

    maxdate <- strptime (maxdate, "%Y-%m-%d") + 86400

    weekend <- sum ( c ("Saturday", "Sunday") %in%
                        weekdays ( c (maxdate, Sys.time ()))) == 2

  span <- FALSE
```

```
if( weekend ){
  span <- as.numeric ( difftime ( Sys.time (), maxdate, units = "hours")) < 48
}

# 返回查询日期以验证与 adj.close 相应的额外天数
startDateQuery <- maxdate - 7 * 86400
if(!weekend & !span){
  c <- as.numeric ( substr (startDateQuery, start = 1, stop = 4))
  a <- as.numeric ( substr (startDateQuery, start = 6, stop = 7)) - 1
  b <- as.numeric ( substr (startDateQuery, start = 9, stop = 10))
  df <- yahoo (i, a = a, b = b, c = c)
  if(! is.null (df)){
    if( all (! is.na (df)) & nrow (df) > 0){

      df <- df[ nrow (df):1]

      if( any (!DATA[[i]][DATA[[i]][["Date"]] %in% df[["Date"]]]$"Adj Close" ==
        df[["Adj Close"]][df[["Date"]] %in% DATA[[i]][["Date"]]]) )
        {

          redownload <- c (redownload, i)

        } else {
          write.table (df, file = paste0 (i, ".csv"), sep = ",",
            row.names = FALSE, col.names = FALSE, append = TRUE)
          DATA[[i]] <- rbind (DATA[[i]], df)
        }
      }
    }
  }
}

# 重新下载、存储以及加载变换过 adj. close 数据的股票入内存
setwd (DIR[["data"]])
if( length (redownload) != 0){
  for( i in redownload ){

  df <- yahoo (i)
  if(! is.null (df)) {
    write.csv (df[ nrow (df):1], file = paste0 (i, ".csv"),
               row.names = FALSE)
  }

  suppressWarnings (
  DATA[[i]] <- fread ( paste0 (i, ".csv"), sep = ","))
  DATA[[i]] <- (DATA[[i]])[ order (DATA[[i]][["Date"]], decreasing = FALSE)]

}
```

```
}

rm (list = setdiff ( ls (), c ("S", "DATA", "DIR", "CONFIG")))
gc ()
```

A.2.7　Platform/load/ dateUnif.R

该脚本将数据组织成为日期一致的 zoo 对象，确保所有的数据是数字类型并且按照日期排序
存储。除此之外，它将数据重新组织成 6 个数据框（Open、High、Low、Close、Adjusted Close、
Volume），而不是所有股票公用一个数据框。

```
# 代码清单 2-8

library (zoo)

datetemp <- sort ( unique ( unlist ( sapply (DATA, function(v) v[["Date"]]))))
datetemp <- data.frame (datetemp, stringsAsFactors = FALSE)
names (datetemp) <- "Date"

DATA <- lapply (DATA, function(v) unique (v[ order (v$Date),]))

DATA[["Open"]] <- DATA[["High"]] <- DATA[["Low"]] <-
  DATA[["Close"]] <- DATA[["Adj Close"]] <- DATA[["Volume"]] <- datetemp

for(s in S){
  for(i in rev ( c ("Open", "High", "Low", "Close", "Adj Close", "Volume"))){
    temp <- data.frame ( cbind (DATA[[s]][["Date"]], DATA[[s]][[i]]),
                         stringsAsFactors = FALSE)
    names (temp) <- c ("Date", s)
    temp[,2] <- as.numeric (temp[,2])

    if(! any (!DATA[[i]][["Date"]][( nrow (DATA[[i]]) - nrow (temp)+1): nrow (DATA[[i]])]
        == temp[,1])){
      temp <- rbind ( t ( matrix (nrow = 2, ncol = nrow (DATA[[i]]) - nrow (temp),
                                  dimnames = list ( names (temp)))), temp)
      DATA[[i]] <- cbind (DATA[[i]], temp[,2])
    } else {
      DATA[[i]] <- merge (DATA[[i]], temp, all.x = TRUE, by = "Date")
    }

    names (DATA[[i]]) <- c ( names (DATA[[i]])[-( ncol (DATA[[i]]))], s)
  }
  DATA[[s]] <- NULL

  # 更新用户进度
  if( which ( S == s ) %% 25 == 0 ){
    cat ( paste0 ( round (100 * which ( S == s ) / length (S), 1), "% Complete\n") )
  }
```

```
}

DATA <- lapply (DATA, function(v) zoo (v[,2: ncol (v)], strptime (v[,1], "%Y-%m-%d")))

rm (list = setdiff ( ls (), c ("DATA", "DIR", "CONFIG")))
gc ()
```

A.2.8 Platform/load/ spClean.R

```
# 代码清单 3-1

setwd (DIR[["root"]])

if( "SPdates.R" %in% list.files () ){
  source ("SPdates.R")
} else {
  url <- "http://trading.chrisconlan.com/SPdates.csv"
  S <- read.csv (url, header = FALSE, stringsAsFactors = FALSE)
  dump (list = "S", "SPdates.R")
}

names (S) <- c ("Symbol", "Date")
S$Date <- strptime (S$Date, "%m/%d/%Y")

  for(s in names (DATA[["Close"]])){
    for(i in c ("Open", "High", "Low", "Close", "Adj Close", "Volume")){
    Sindex <- which (S[,1] == s)
    if(S[Sindex, "Date"] != "1900-01-01 EST" &
       S[Sindex, "Date"] >= "2000-01-01 EST"){
        DATA[[i]][ index (DATA[[i]]) <= S[Sindex, "Date"], s] <- NA
      }
  }
}
```

A.2.9 Platform/load/ adjustClose.R

```
# 代码清单 3-6
MULT <- DATA[["Adj Close"]] / DATA[["Close"]]

DATA[["Price"]] <- DATA[["Close"]]
DATA[["OpenPrice"]] <- DATA[["Open"]]

DATA[["Open"]] <- DATA[["Open"]] * MULT
DATA[["High"]] <- DATA[["High"]] * MULT
DATA[["Low"]] <- DATA[["Low"]] * MULT
DATA[["Close"]] <- DATA[["Adj Close"]]

DATA[["Adj Close"]] <- NULL
```

A.2.10　Platform/load/ return.R

```
# 代码清单 3-8

NAPAD <- zoo ( matrix (NA, nrow = 1, ncol = ncol (DATA[["Close"]])), order.by =
index (DATA[["Close"]])[ names (NAPAD) <- names (DATA[["Close"]])

RETURN <- rbind ( NAPAD, ( DATA[["Close"]] / lag (DATA[["Close"]], k = -1) ) - 1 )

OVERNIGHT <- rbind ( NAPAD, ( DATA[["Open"]] / lag (DATA[["Close"]], k = -1) ) - 1 )
```

A.2.11　Platform/load/ fillInactive.R

```
# 代码清单 3-7

for( s in names (DATA[["Close"]]) ){
  if( is.na (DATA[["Close"]][ nrow (DATA[["Close"]]), s])){
    maxInd <- max ( which (! is.na (DATA[["Close"]][,s])))
    for( i in c ("Close", "Open", "High", "Low")){
      DATA[[i]][(maxInd+1): nrow (DATA[["Close"]]),s] <- DATA[["Close"]][maxInd,s]
    }
    for( i in c ("Price", "OpenPrice") ){
      DATA[[i]][(maxInd+1): nrow (DATA[["Close"]]),s] <- DATA[["Price"]][maxInd,s]
    }
    DATA[["Volume"]][(maxInd+1): nrow (DATA[["Close"]]),s] <- 0
  }
}
```

A.3　Platform/compute

该目录将存放与多核封装器、指示器函数和模拟函数有关的文件。

A.3.1　Platform/compute/MCinit.R

```
if( CONFIG[["isUNIX"]] ){
  library (doMC)
  workers <- CONFIG[["workers"]]
  registerDoMC ( cores = workers )
} else {
  library (doParallel)
  workers <- CONFIG[["workers"]]
  registerDoParallel ( cores = workers )
}
```

A.3.2 Platform/compute/functions.R

```R
# 代码清单 6-9

library (foreach)

delegate <- function( i = i, n = n, k = k, p = workers ){
  nOut <- n - k + 1
  nProc <- ceiling ( nOut / p )
  return ( (( i - 1 ) * nProc + 1) : min (i * nProc + k - 1, n) )
}

# 代码清单 6-12

mcTimeSeries <- function( data, tsfunc, byColumn, windowSize, workers, … ){

  args <- names ( mget ( ls ()))
  export <- ls (.GlobalEnv)
  export <- export[!export %in% args]

  SERIES <- foreach ( i = 1:workers, .combine = rbind,
                      .packages = loadedNamespaces (), .export = export) %dopar% {
    jRange <- delegate ( i = i, n = nrow (data), k = windowSize, p = workers)

    rollapply (data[jRange,],
      width = windowSize,
      FUN = tsfunc,
      align = "right",
      by.column = byColumn)

  }

  names (SERIES) <- gsub ("\\..+", "", names (SERIES))
  if( windowSize > 1){
    PAD <- zoo ( matrix (nrow = windowSize-1, ncol = ncol (SERIES), NA),
                 order.by = index (data)[1:(windowSize-1)])
    names (PAD) <- names (SERIES)
    SERIES <- rbind (PAD, SERIES)
  }

  if( is.null ( names (SERIES))){
    names (SERIES) <- gsub ("\\..+", "", names (data)[1: ncol (SERIES)])
  }

  return (SERIES)
}

equNA <- function(v){
    o <- which (! is.na (v))[1]
```

```
    return ( ifelse ( is.na (o), length (v)+1, o))
}

# 代码清单 7-1

simulate <- function(OPEN, CLOSE,
                     ENTRY, EXIT, FAVOR,
                     maxLookback, maxAssets, startingCash,
                     slipFactor, spreadAdjust, flatCommission, perShareCommission,
                     verbose = FALSE, failThresh = 0,
                     initP = NULL, initp = NULL){

# 第1步
if( any ( dim (ENTRY) != dim (EXIT) ) |
    any ( dim (EXIT) != dim (FAVOR) ) |
    any ( dim (FAVOR) != dim (CLOSE) )|
    any ( dim (CLOSE) != dim (OPEN)) )
  stop ( "Mismatching dimensions in ENTRY, EXIT, FAVOR, CLOSE, or OPEN.")

if( any ( names (ENTRY) != names (EXIT)) |
  any ( names (EXIT) != names (FAVOR) ) |
  any ( names (FAVOR) != names (CLOSE) ) |
  any ( names (CLOSE) != names (OPEN) ) |

  is.null ( names (ENTRY)) | is.null ( names (EXIT)) |
  is.null ( names (FAVOR)) | is.null ( names (CLOSE)) |
  is.null ( names (OPEN)) )
  stop ( "Mismatching or missing column names in ENTRY, EXIT, FAVOR, CLOSE, or OPEN.")

FAVOR <- zoo ( t ( apply (FAVOR, 1, function(v) ifelse ( is.nan (v) | is.na (v), 0, v) )),
             order.by = index (CLOSE))

# 第2步
K <- maxAssets
k <- 0
C <- rep (startingCash, times = nrow (CLOSE))
S <- names (CLOSE)

P <- p <- zoo ( matrix (0, ncol= ncol (CLOSE), nrow= nrow (CLOSE)),
               order.by = index (CLOSE) )

if( ! is.null ( initP ) & ! is.null ( initp ) ){
  P[1:maxLookback,] <-
    matrix (initP, ncol= length (initP), nrow=maxLookback, byrow = TRUE)
  p[1:maxLookback,] <-
    matrix (initp, ncol= length (initp), nrow=maxLookback, byrow = TRUE)
}

names (P) <- names (p) <- S
```

```
equity <- rep (NA, nrow (CLOSE))

rmNA <- pmax ( unlist ( lapply (FAVOR, equNA)),
    unlist ( lapply (ENTRY, equNA)),
    unlist ( lapply (EXIT, equNA)))

for( j in 1: ncol (ENTRY) ){
  toRm <- rmNA[j]
  if( toRm > (maxLookback + 1) &
      toRm < nrow (ENTRY) ){
    FAVOR[1:(toRm-1),j] <- NA
    ENTRY[1:(toRm-1),j] <- NA
    EXIT[1:(toRm-1),j] <- NA
  }
}

# 第 3 步
for( i in maxLookback:( nrow (CLOSE)-1) ){

  # 第 4 步
  C[i+1] <- C[i]
  P[i+1,] <- as.numeric (P[i,])
  p[i+1,] <- as.numeric (p[i,])

  longS <- S[ which (P[i,] > 0)]
  shortS <- S[ which (P[i,] < 0)]
  k <- length (longS) + length (shortS)

  # 第 5 步
  longTrigger <- setdiff (S[ which (ENTRY[i,] == 1)], longS)
  shortTrigger <- setdiff (S[ which (ENTRY[i,] == -1)], shortS)
  trigger <- c (longTrigger, shortTrigger)

  if( length (trigger) > K ) {

    keepTrigger <- trigger[ order ( c ( as.numeric (FAVOR[i,longTrigger]),
                                        - as.numeric (FAVOR[i,shortTrigger])),
                           decreasing = TRUE)][1:K]
    longTrigger <- longTrigger[longTrigger %in% keepTrigger]
    shortTrigger <- shortTrigger[shortTrigger %in% keepTrigger]

    trigger <- c (longTrigger, shortTrigger)

  }

  triggerType <- c ( rep (1, length (longTrigger)), rep (-1, length (shortTrigger)))

# 第 6 步
longExitTrigger <- longS[longS %in%
                    S[ which (EXIT[i,] == 1 | EXIT[i,] == 999)]]
```

```r
shortExitTrigger <- shortS[shortS %in%
                           S[ which (EXIT[i,] == -1 | EXIT[i,] == 999)]]

exitTrigger <- c (longExitTrigger, shortExitTrigger)

# 第7步
needToExit <- max ( ( length (trigger) - length (exitTrigger)) - (K - k), 0)

if( needToExit > 0 ){

  toExitLongS <- setdiff (longS, exitTrigger)
  toExitShortS <- setdiff (shortS, exitTrigger)

  toExit <- character (0)
  for( counter in 1:needToExit ){
    if( length (toExitLongS) > 0 & length (toExitShortS) > 0 ){
      if( min (FAVOR[i,toExitLongS]) < min (-FAVOR[i,toExitShortS]) ){
      pullMin <- which.min (FAVOR[i,toExitLongS])
      toExit <- c (toExit, toExitLongS[pullMin])
      toExitLongS <- toExitLongS[-pullMin]
    } else {
      pullMin <- which.min (-FAVOR[i,toExitShortS])
      toExit <- c (toExit, toExitShortS[pullMin])
      toExitShortS <- toExitShortS[-pullMin]
    }

    } else if( length (toExitLongS) > 0 & length (toExitShortS) == 0 ){
      pullMin <- which.min (FAVOR[i,toExitLongS])
      toExit <- c (toExit, toExitLongS[pullMin])
      toExitLongS <- toExitLongS[-pullMin]
    } else if( length (toExitLongS) == 0 & length (toExitShortS) > 0 ){
      pullMin <- which.min (-FAVOR[i,toExitShortS])
      toExit <- c (toExit, toExitShortS[pullMin])
      toExitShortS <- toExitShortS[-pullMin]
    }
  }

  longExitTrigger <- c (longExitTrigger, longS[longS %in% toExit])
  shortExitTrigger <- c (shortExitTrigger, shortS[shortS %in% toExit])

}

#第8步
exitTrigger <- c (longExitTrigger, shortExitTrigger)
exitTriggerType <- c ( rep (1, length (longExitTrigger)),
                       rep (-1, length (shortExitTrigger)))

# 第9步
if( length (exitTrigger) > 0 ){
```

```
  for( j in 1: length (exitTrigger) ){

    exitPrice <- as.numeric (OPEN[i+1,exitTrigger[j]])

    effectivePrice <- exitPrice * (1 - exitTriggerType[j] * slipFactor) -
      exitTriggerType[j] * (perShareCommission + spreadAdjust)

    if( exitTriggerType[j] == 1 ){

      C[i+1] <- C[i+1] +
        ( as.numeric ( P[i,exitTrigger[j]] ) * effectivePrice )
      - flatCommission
    } else {
      C[i+1] <- C[i+1] -
        ( as.numeric ( P[i,exitTrigger[j]] ) *
            ( 2 * as.numeric (p[i, exitTrigger[j]]) - effectivePrice ) )
      - flatCommission
    }

    P[i+1, exitTrigger[j]] <- 0
    p[i+1, exitTrigger[j]] <- 0

    k <- k - 1

  }
}

# 第10 步
if( length (trigger) > 0 ){
  for( j in 1: length (trigger) ){

    entryPrice <- as.numeric (OPEN[i+1,trigger[j]])

    effectivePrice <- entryPrice * (1 + triggerType[j] * slipFactor) +
      triggerType[j] * (perShareCommission + spreadAdjust)

    P[i+1,trigger[j]] <- triggerType[j] *
      floor ( ( (C[i+1] - flatCommission) / (K - k) ) / effectivePrice )

    p[i+1,trigger[j]] <- effectivePrice

    C[i+1] <- C[i+1] -
      ( triggerType[j] * as.numeric (P[i+1,trigger[j]]) * effectivePrice )
    - flatCommission

    k <- k + 1

  }
}
```

167

```
# 第11步
equity[i] <- C[i+1]
for( s in S[ which (P[i+1,] > 0)] ){
  equity[i] <- equity[i] +
  as.numeric (P[i+1,s]) *
  as.numeric (OPEN[i+1,s])
}

for( s in S[ which (P[i+1,] < 0)] ){
  equity[i] <- equity[i] -
    as.numeric (P[i+1,s]) *
    ( 2 * as.numeric (p[i+1,s]) - as.numeric (OPEN[i+1,s]) )
}

if( equity[i] < failThresh ){
  warning ("\n*** Failure Threshold Breached ***\n")
  break
}

# 第12步
if( verbose ){
  if( i %% 21 == 0 ){
    cat ( paste0 ("################################ ",
                  round (100 * (i - maxLookback) /
                            ( nrow (CLOSE) - 1 - maxLookback), 1), "%",
                  " ################################\n"))
    cat ( paste ("Date:\t", as.character ( index (CLOSE)[i])), "\n")
    cat ( paste0 ("Equity:\t", " $", signif (equity[i], 5), "\n"))
    cat ( paste0 ("CAGR:\t ",
            round (100 * ((equity[i] / (equity[maxLookback]))^
                        (252/(i - maxLookback + 1)) - 1), 2),
                "%"))
    cat ("\n")
    cat ("Assets:\t", S[P[i+1,] != 0])
    cat ("\n\n")
  }
}

}
# 第13步
return ( list (equity = equity, C = C, P = P, p = p))

}
```

A.4 Platform/plan

该目录保存与 PLAN 任务有关的文件。该节中大部分代码需要根据生产使用进行修改。作为示例，我们随机初始化一些交易和指标数据。

A.4.1 Platform/plan.R

这是 PLAN 任务的任务脚本。

```
source ("~/Platform/config.R")

setwd (DIR[["root"]])
cat ("load.R\n\n")
source ("load.R")

setwd (DIR[["compute"]])
cat ("MCinit.R\n\n")
source ("MCinit.R")

cat ("functions.R\n\n")
source ("functions.R")

setwd (DIR[["plan"]])
cat ("decisionGen.R\n\n")
source ("decisionGen.R")

cat ("\n")
```

A.4.2 Platform/plan/decisionGen.R

这是 PLAN 任务调用的主要脚本。在该脚本中，用户应该基于他们自己的交易策略以及从经纪商那里得到的信息声明做必要的变量。该代码的默认设置仅针对做多的 MACD 策略。

```
# 代码清单 9-1

# 见第 9 章
setwd (DIR[["plan"]])

# 根据你的策略做出的声明
# 这里作为示例，仅做多 MACD 由函数 rollapply() 计算
n1 <- 5
n2 <- 34
nSharpe <- 20
shThresh <- 0.50

INDIC <- rollapply (DATA[["Close"]][ nrow (DATA[["Close"]]) - n2:0, ],
                    width = n2,
                    FUN = function(v) mean (v[(n2 - n1 + 1):n2]) - mean (v),
                    by.column = TRUE,
                    align = "right")

FAVOR <- rollapply (DATA[["Close"]][ nrow (DATA[["Close"]]) - nSharpe:0, ],
                    FUN = function(v) mean (v, na.rm = TRUE)/ sd (v, na.rm = TRUE),
```

169

```
                              by.column = TRUE,
                              width = nSharpe,
                              align = "right")

entryfunc <- function(v, shThresh){
  cols <- ncol (v) / 2
  as.numeric (v[1,1:cols] <= 0 &
                v[2,1:cols] > 0 &
                v[2,(cols+1):(2*cols)] >
                quantile (v[2,(cols+1):(2*cols)],
                          shThresh, na.rm = TRUE)
              )
}

cols <- ncol (INDIC)

ENTRY <- rollapply ( cbind (INDIC, FAVOR),
                      function(v) entryfunc (v, cols),
                      by.column = FALSE,
                      width = 2,
                      align = "right")

# ***重要***
# 在 PLAN 任务的简约版本里面接受命名向量，用来表示
# 最近的那行 ENTRY，FAVOR 和 EXIT
# 这几行代码将通过上述几行计算的 zoo/数据框/矩阵对象转换成命名向量
# 表示最后一行数据

FAVOR <- as.numeric (FAVOR[ nrow (FAVOR),])
names (FAVOR) <- names (DATA[["Close"]])

ENTRY <- as.numeric (ENTRY[ nrow (ENTRY),])
names (ENTRY) <- names (DATA[["Close"]])

EXIT <- zoo ( matrix (0, ncol= ncol (DATA[["Close"]]), nrow = 1),
              order.by = index (DATA[["Close"]]))
names (EXIT) <- names (DATA[["Close"]])

# 一般抓取自经纪商
# 在这里，这些信息是被任意声明的
# 用户需要从经纪商处抓取这些信息以供生产使用
currentlyLong <- c ("AA", "AAL", "AAPL")
currentlyShort <- c ("")
S <- names (DATA[["Close"]])
initP <- (S %in% currentlyLong) - (S %in% currentlyShort)
cashOnHand <- 54353.54

names (initP) <-
  names (FAVOR) <-
  names (ENTRY) <-
```

```
names (EXIT) <-
names (DATA[["Close"]])
```

```
# 此时我们建立好了策略中会被考虑的所有东西
# 给定命名向量的长度 ncol(DATA[["Close"]])、initP、FAVOR、ENTRY 以及 EXIT
```

```
maxAssets <- CONFIG[["maxAssets"]]
```

```
K <- maxAssets
k <- 0
C <- c (cashOnHand, NA)
S <- names (DATA[["Close"]])
P <- initP
```

```
# 根据你自己的策略进行申明
FAVOR <- rnorm ( ncol (DATA[["Close"]]))
ENTRY <- rbinom ( ncol (DATA[["Close"]]), 1, .005) -
  rbinom ( ncol (DATA[["Close"]]), 1, .005)
EXIT <- rbinom ( ncol (DATA[["Close"]]), 1, .8) -
  rbinom ( ncol (DATA[["Close"]]), 1, .8)
```

```
# 抓取自经纪商
currentlyLong <- c ("AA", "AAL", "AAPL")
currentlyShort <- c ("RAI", "RCL", "REGN")
S <- names (DATA[["Close"]])
initP <- (S %in% currentlyLong) - (S %in% currentlyShort)
```

```
names (initP) <-
  names (FAVOR) <-
  names (ENTRY) <-
  names (EXIT) <-
  names (DATA[["Close"]])
```

```
# 此时我们建立好了策略里会被考虑的所有东西
# 给定命名向量的长度 ncol(DATA[["Close"]])、initP、FAVOR、ENTRY 以及 EXIT
```

```
maxAssets <- 10
startingCash <- 100000
```

```
K <- maxAssets
k <- 0
C <- c (startingCash, NA)
S <- names (DATA[["Close"]])
P <- initP
```

```
# 第4步
longS <- S[ which (P > 0)]
shortS <- S[ which (P < 0)]
k <- length (longS) + length (shortS)
```

```r
# 第5步
longTrigger <- setdiff (S[ which (ENTRY == 1)], longS)
shortTrigger <- setdiff (S[ which (ENTRY == -1)], shortS)
trigger <- c (longTrigger, shortTrigger)

if( length (trigger) > K ) {

  keepTrigger <- trigger[ order ( c ( as.numeric (FAVOR[longTrigger]),
                                    - as.numeric (FAVOR[shortTrigger])),
                            decreasing = TRUE)][1:K]

  longTrigger <- longTrigger[longTrigger %in% keepTrigger]
  shortTrigger <- shortTrigger[shortTrigger %in% keepTrigger]

  trigger <- c (longTrigger, shortTrigger)
}

triggerType <- c ( rep (1, length (longTrigger)), rep (-1, length (shortTrigger)))

# 第6步

longExitTrigger <- longS[longS %in% S[ which (EXIT == 1 | EXIT == 999)]]

shortExitTrigger <- shortS[shortS %in% S[ which (EXIT == -1 | EXIT == 999)]]

exitTrigger <- c (longExitTrigger, shortExitTrigger)

# 第7步
needToExit <- max ( ( length (trigger) - length (exitTrigger)) - (K - k), 0)

if( needToExit > 0 ){

  toExitLongS <- setdiff (longS, exitTrigger)
  toExitShortS <- setdiff (shortS, exitTrigger)

  toExit <- character (0)

  for( counter in 1:needToExit ){
    if( length (toExitLongS) > 0 & length (toExitShortS) > 0 ){
      if( min (FAVOR[toExitLongS]) < min (-FAVOR[toExitShortS]) ){
        pullMin <- which.min (FAVOR[toExitLongS])
        toExit <- c (toExit, toExitLongS[pullMin])
        toExitLongS <- toExitLongS[-pullMin]
      } else {
        pullMin <- which.min (-FAVOR[toExitShortS])
        toExit <- c (toExit, toExitShortS[pullMin])
        toExitShortS <- toExitShortS[-pullMin]
      }
    } else if( length (toExitLongS) > 0 & length (toExitShortS) == 0 ){
```

```
            pullMin <- which.min (FAVOR[toExitLongS])
            toExit <- c (toExit, toExitLongS[pullMin])
            toExitLongS <- toExitLongS[-pullMin]
        } else if( length (toExitLongS) == 0 & length (toExitShortS) > 0 ){
            pullMin <- which.min (-FAVOR[toExitShortS])
            toExit <- c (toExit, toExitShortS[pullMin])
            toExitShortS <- toExitShortS[-pullMin]
        }
    }

    longExitTrigger <- c (longExitTrigger, longS[longS %in% toExit])
    shortExitTrigger <- c (shortExitTrigger, shortS[shortS %in% toExit])
}

# 第 8 步
exitTrigger <- c (longExitTrigger, shortExitTrigger)
exitTriggerType <- c ( rep (1, length (longExitTrigger)),
                       rep (-1, length (shortExitTrigger)))

setwd (DIR[["plan"]])

# 首先卖出这些
write.csv (file = "stocksToExit.csv",
           data.frame ( list (sym = exitTrigger, type = exitTriggerType)))

# 然后买入这些
write.csv (file = "stocksToEnter.csv",
           data.frame ( list (sym = trigger, type = triggerType)))
```

A.5　Platform/trade

该目录保存与 PLAN 任务有关的文件。该节中大部分代码需要根据你的生产使用进行修改。为了举例，我们随机初始化一些交易和指标数据。

Platform/trade.R

```
# 首先卖出这些
toExit <- read.csv (file = "stocksToExit.csv")

# 然后买入这些
toEnter <- read.csv (file = "stocksToEnter.csv")

# 这是开放式的
# 这可以在 R 内部或外部进行，取决于对经纪商和 API 的选择
```

A.6 Platform/model

该目录保存与 MODEL 任务有关的文件。该节中大部分代码需要根据你的生产使用进行修改。这里显示的是对仅做多 MACD 策略的一般性搜索的最优化。

A.6.1 Platform/model.R

```
source ("~/Platform/config.R")

setwd (DIR[["root"]])
cat ("load.R\n\n")
source ("load.R")

setwd (DIR[["compute"]])
cat ("MCinit.R\n\n")
source ("MCinit.R")

cat ("functions.R\n\n")
source ("functions.R")

setwd (DIR[["model"]])
cat ("optimize.R\n\n")
source ("optimize.R")

cat ("\n")
```

A.6.2 Platform/model/optimize. R

```
setwd (DIR[["model"]])

minVal <- CONFIG[["minVal"]]
maxVal <- CONFIG[["maxVal"]]
PARAM <- CONFIG[["PARAMnaught"]]

source ("evaluateFunc.R")
source ("optimizeFunc.R")

PARAMout <- optimize (y = CONFIG[["y"]], minVal, maxVal)

setwd (DIR[["plan"]])

write.csv ( data.frame (PARAMout), "stratParams.csv")
```

A.6.3 Platform/model/evaluateFunc.R

```
# 代码清单 8-1
# 为了使用内嵌取值器, 声明进入函数
entryfunc <- function(v, shThresh){
```

174

```
    cols <- ncol (v) / 2
    as.numeric (v[1,1:cols] <= 0 &
                v[2,1:cols] > 0 &
                v[2,(cols+1):(2*cols)] >
                quantile (v[2,(cols+1):(2*cols)],
                          shThresh, na.rm = TRUE)
                )
}

evaluate <- function(PARAM, minVal = NA, maxVal = NA, y = 2014,
                     transform = TRUE, verbose = FALSE,
                     negative = FALSE, transformOnly = FALSE,
                     returnData = FALSE, accountParams = NULL){

  # Convert and declare parameters if they exist on domain (-inf,inf) domain
  if( transform | transformOnly ){
    PARAM <- minVal +
      (maxVal - minVal) * unlist ( lapply ( PARAM, function(v) (1 + exp (-v))^(-1) ))
    if( transformOnly ){
    return (PARAM)
    }
  }

  # 持有的最大股数
  K <- CONFIG[["maxAssets"]]

  # 声明n1 作为其自身，并且声明 FAVOR 中的长度和夏普比率的临界值
  n1 <- max ( round (PARAM[["n1"]]), 2)
  n2 <- max ( round (PARAM[["nFact"]] * PARAM[["n1"]]), 3, n1+1)
  nSharpe <- max ( round (PARAM[["nSharpe"]]), 2)
  shThresh <- max (0, min (PARAM[["shThresh"]], .99))
  maxLookback <- max (n1, n2, nSharpe) + 1

  #根据年份 y 对数据取子集
  period <-
    index (DATA[["Close"]]) >= strptime ( paste0 ("01-01-", y[1]), "%d-%m-%Y") &
    index (DATA[["Close"]]) < strptime ( paste0 ("01-01-", y[ length (y)]+1), "%d-%m-%Y")

  period <- period |
    ((1: nrow (DATA[["Close"]]) > ( which (period)[1] - maxLookback)) &
    (1: nrow (DATA[["Close"]]) <= ( which (period)[ sum (period)]) + 1))

  CLOSE <- DATA[["Close"]][period,]
  OPEN <- DATA[["Open"]][period,]
  SUBRETURN <- RETURN[period,]

  # 正如代码清单 7.2 中的，计算仅做多MACD 策略的输入
  # 为了速度优化的代码，使用了来自caTools 和 zoo 程序包的函数
  require (caTools)
```

```r
INDIC <- zoo ( runmean (CLOSE, n1, endrule = "NA", align = "right") -
                 runmean (CLOSE, n2, endrule = "NA", align = "right"),
               order.by = index (CLOSE))
names (INDIC) <- names (CLOSE)

RMEAN <- zoo ( runmean (SUBRETURN, n1, endrule = "NA", align = "right"),
               order.by = index (SUBRETURN))

FAVOR <- RMEAN / runmean ( (SUBRETURN - RMEAN)^2, nSharpe,
                            endrule = "NA", align = "right" )
names (FAVOR) <- names (CLOSE)

ENTRY <- rollapply ( cbind (INDIC, FAVOR),
                     FUN = function(v) entryfunc (v, shThresh),
                     width = 2,
                     fill = NA,
                     align = "right",
                     by.column = FALSE)
names (ENTRY) <- names (CLOSE)

EXIT <- zoo ( matrix (0, ncol= ncol (CLOSE), nrow= nrow (CLOSE)),
              order.by = index (CLOSE))
names (EXIT) <- names (CLOSE)

# 模拟以及存储结果
if( is.null (accountParams) ){

RESULTS <- simulate (OPEN, CLOSE,
        ENTRY, EXIT, FAVOR,
        maxLookback, K, 100000,
        0.001, 0.01, 3.5, 0,
        verbose, 0)
} else {
  RESULTS <- simulate (OPEN, CLOSE,
      ENTRY, EXIT, FAVOR,
      maxLookback, K, accountParams[["C"]],
      0.001, 0.01, 3.5, 0,
      verbose, 0,
      initP = accountParams[["P"]], initp = accountParams[["p"]])
}

if(!returnData){
  # 计算和返回夏普比率
  v <- RESULTS[["equity"]]
  returns <- ( v[-1] / v[- length (v)] ) - 1
  out <- mean (returns, na.rm = T) / sd (returns, na.rm = T)
  if(! is.nan (out)){
    if( negative ){
      return ( -out )
```

```
      } else {
        return ( out )
      }
    } else {
      return (0)
    }

  } else {
    return (RESULTS)
  }

}
```

A.6.4 Platform/model/optimizeFunc. R

```
# 见第8章
# 使用一般形式搜素的最优化函数代码示例
optimize <- function(y, minVal, maxVal){

# 最大迭代值
# 对于取值器的最大可能调用次数是K*(4*n+1)
K <- CONFIG[["maxIter"]]

# 当delta低于临界值时，以随机的init重启
deltaThresh <- 0.05

# 设置初始的delta
delta <- deltaNaught <- 1

# 标度因子
sigma <- 2

# 向量theta_0
PARAM <- PARAMNaught <- CONFIG[["PARAMnaught"]]
np <- length (PARAM)

OPTIM <- data.frame ( matrix (NA, nrow = K * (4 * np + 1), ncol = np + 1))
names (OPTIM) <- c ( names (PARAM), "obj"); o <- 1

fmin <- fminNaught <- evaluate (PARAM, minVal, maxVal, negative = TRUE, y = y)
OPTIM[o,] <- c (PARAM, fmin); o <- o + 1

# 为报告循环中的进展，而打印函数
printUpdate <- function(step){
  if(step == "search"){
    cat ( paste0 ("Search step: ", k,"|",l,"|",m, "\n"))
  } else if (step == "poll"){
    cat ( paste0 ("Poll step: ", k,"|",l,"|",m, "\n"))
```

```
    }
    names (OPTIM)
    cat ("\t", paste0 ( strtrim ( names (OPTIM), 6), "\t"), "\n")
    cat ("Best:\t", paste0 ( round ( unlist (OPTIM[ which.min (OPTIM$obj),]),3), "\t"), "\n")
    cat ("Theta:\t", paste0 ( round ( unlist ( c (PARAM, fmin)),3), "\t"), "\n")
    cat ("Trial:\t", paste0 ( round ( as.numeric (OPTIM[o-1,]), 3), "\t"), "\n")
    cat ( paste0 ("Delta: ", round (delta,3) , "\t"), "\n\n")
  }

for( k in 1:K ){

  # SEARCH 子程序
  for( l in 1:np ){
    net <- (2 * rbinom (np, 1, .5) - 1) * runif (np, delta, sigma * delta)
    for( m in c (-1,1) ){

      testpoint <- PARAM + m * net
      ftest <- evaluate (testpoint, minVal, maxVal, negative = TRUE, y = y)
      OPTIM[o,] <- c (testpoint, ftest); o <- o + 1
      printUpdate ("search")

    }
  }

  if( any (OPTIM$obj[(o-(2*np)):(o-1)] < fmin ) ){

    minPos <- which.min (OPTIM$obj[(o-(2*np)):(o-1)])
    PARAM <- (OPTIM[(o-(2*np)):(o-1),1:np])[minPos,]
    fmin <- (OPTIM[(o-(2*np)):(o-1),np+1])[minPos]
    delta <- sigma * delta
  } else {

    # POLL 子程序
    for( l in 1:np ){
      net <- delta * as.numeric (1:np == l)
      for( m in c (-1,1) ){
        testpoint <- PARAM + m * net
        ftest <- evaluate (testpoint, minVal, maxVal, negative = TRUE, y = y)
        OPTIM[o,] <- c (testpoint, ftest); o <- o + 1
        printUpdate ("poll")
      }
    }

    if( any (OPTIM$obj[(o-(2*np)):(o-1)] < fmin ) ){

      minPos <- which.min (OPTIM$obj[(o-(2*np)):(o-1)])
      PARAM <- (OPTIM[(o-(2*np)):(o-1),1:np])[minPos,]
      fmin <- (OPTIM[(o-(2*np)):(o-1),np+1])[minPos]
      delta <- sigma * delta
```

```
  } else {

    delta <- delta / sigma

  }

}

cat ( paste0 ("\nCompleted Full Iteration: ", k, "\n\n"))

# 以随机原型重新启动
if( delta < deltaThresh ) {

  delta <- deltaNaught
  fmin <- fminNaught
  PARAM <- PARAMNaught + runif (n = np, min = -delta * sigma,
                               max = delta * sigma)

  ftest <- evaluate (PARAM, minVal, maxVal,
                     negative = TRUE, y = y)
  OPTIM[o,] <- c (PARAM, ftest); o <- o + 1

  cat ( paste0 ("\nDelta Threshold Breached, Restarting with Random Initiate\n\n"))
  }
}

# 返回最优化结构到非转换过的参数
return (
  evaluate (OPTIM[ which.min (OPTIM$obj),1:np],
            minVal, maxVal, transformOnly = TRUE)
)
}
```

附录 B

■ ■ ■

多核 R 的范围

本书频繁地使用 R 中的 foreach 软件包实现并行计算。这个软件包是由 Revolution Analytics 的员工 Steve Weston 开发的，允许用户写出能够运行独立于操作系统的多核代码。它像一个独立于操作系统的接口，连接了不同的依赖于操作系统的并行后端来工作。

从表面上看，软件包似乎很好地实现了这个想法。Windows 用户依赖 doParallel 软件包实现并行后端，UNIX 用户依赖 doMC。官方软件包中的所有例子都可以正常运行。

在讨论与 foreach 包及其示例复制的相关问题之前，我们对 R 的涉及范围先进行一般性的讨论。该讨论的目的是说明如何以及为什么 Windows 用户在多核 R 编程时面临可扩展性的严重困难。

B.1　R 的作用域规则

R 语言遵循易用的作用域规则。一般情况下，R 是词法作用域，这意味着函数有其自身的环境。但更严格意义上讲，R 的作用域规则不能完全由词法解释。

函数中声明的变量不能在全局环境中调用。在函数执行结束时，函数中的变量不能被访问。根据 R 语言的内存管理协议，函数环境不受内存约束，可以被重写或者删除。

如果函数调用函数环境中未出现的变量 x，函数会在下一个更高级别的作用域搜索名为 x 的变量，不论该作用域在另一个函数中还是在全局环境中。换句话说，当任何过程需要变量 x 时，它会在当前的作用域开始并逐步寻找直到发现该变量。如果遍历全局环境仍未找到 x 的位置，程序会报错。

这些都是 R 作用域的主要使用者。它们是词法作用域语言的标准行为。R 语言不能被严格地区分为词法语言，因为它允许使用非词法的方式改变环境。程序员对这些行为通常是十分慎重的，因为它确保了程序员不会偶然遇到词法作用域规则的例外情况，所以十分重要。

B.1.1　应用词法作用域

本节中我们广泛地使用词法作用域。代码清单 B-1 给出了具体的实例。熟练的 R 开发者可能也不熟悉这个实例，但是我们希望你遵循，以便于更好地理解本附录之后的多核作用域规则。

代码清单 B-1　词法作用域

```
# 声明全局变量a 和b
a <- 2
b <- 3

# 声明函数
f <- function(){
  a
}

g <-function(){
  f () + b
}

h <- function(b){
  f () + b
}

# a = 2 throughout. a=2
# 当b 不为参数时, b=3
f () # f() = 2
g () # g() = 5
h (5) # h(5) = 7
```

B.1.2　原型

遍历 R 语法，存在许多复杂作用域过程和词法作用域范式的特殊例外的实例。这些有助于解释 R 语言的技术语义，但是典型的开发者不一定在实战中面临这些问题。比在讨论中扮演重要角色的行话和例外更重要的是，R 作用域是一种观念。大多数 R 用户从来不会考虑这个问题，因为这是合乎常理的。

我们列出了 R 函数作用域的主要使用者。

- 如果一个函数需要一个不作为参数提供的对象，R 会在全局环境中找到它。
- 如果函数在函数作用域中修改一个全局对象，那么该对象在全局环境中保持不变。
- 函数影响全局环境的唯一方式是通过函数返回的单独对象。

这些规则的例外在以下情况会发生：用户修改系统变量、选项和工作目录，有意获取全局环境等。在绝大多数情况下，函数不会执行这样的操作，可以随意编程而不需考虑太多的作用域。

这些规则对我们修改、分享和扩展 R 代码有重要的应用。我们将这些规则视为理所当然，因为在 Windows 中进行并行计算时我们牺牲了词法作用域。在接下来的部分中我们可以看到，想要实现一定程度计算的 Windows 用户需要更加严格地遵循作用域规则。

B.2　UNIX 交叉系统调用

在第 6 章中我们涉及了 Windows 和 UNIX 中 foreach 的低级别差异。主要的不同是 UNIX 的

foreach 用系统交叉调用新建 R 实例。UNIX 交叉调用十分强大，已经成为 UNIX 和类 UNIX 操作系统的标准至少有 25 年。调用在内核级别实现，给多内存地址空间同样的数据集并遵循写时拷贝语法。

内核是操作系统和硬件之间最低级别的接口，包括 RAM、硬盘、I/O 和 CPU。内核对操作系统来说是特定的。在许多情况下，内核是操作系统的裸版本。

存储器地址空间是程序可以从其访问存储器中数据的二进制值的范围。fork 调用给出了不用复制物理内存而访问同样数据的 R 实例。在这种方式下，当程序在同一物理存储器中访问相同数据时，程序具有明确定义的非重叠地址空间。

B.2.1　fork 调用和内存管理

fork 调用遵循写时复制语义，使得程序灵活的同时又保证了共享物理内存的效率。写时复制是指，如果任何过程写入而不是仅仅读取时，会产生一个变量的副本。根据写时复制语义，fork 过程操作的任何变量，都会自动获取 fork 过程地址空间的物理内存产生的特定过程副本。例如，如果一个 foreach 循环，利用 DATA 计算一个指示变量，同时会持续改变迭代器 i 和矩阵 indic 的值，fork 过程会共享 DATA，但每次循环只获得独立的 i 和 indic。

如果 DATA 是 110MB，indic 是 3MB，i 很小可以忽略，4 个过程的 fork 调用会占用 110MB+4×3MB=122MB 内存。如果 fork 过程没有遵循写时拷贝语义，而是低效地复制全部环境，调用会占用 4×(110MB + 3MB) = 452MB 来完成这个工作。当然，这是理论上完美高效语言的情况。事实上，由于编程语言特定的作用域和复制语义，两个过程都会占用更多内存。不管怎样，占用内存的比例关系是成立的。在处理大量只读数据时，运行 n 个过程的 fork 多核程序用小 n 倍的内存便可以完成。

B.2.2　R 作用域应用

在 UNIX 中，对多核 R 来说不存在非典型的作用域应用。考虑本小节描述的 fork 过程的性质，这是合乎逻辑的。

对我们的平台来说，这意味着 mcTimeSeries() 可以从任何位置自由地调用并且如任何正常 R 函数遵循同样的作用域规则。基于在 Windows 中讨论 foreach 时显而易见的原因，foreach() 的 .packages 和 .exports 参数在 UNIX 系统中被忽略。由于 Windows 的兼容性，我们对 mcTimeSeries() 的原始声明包括大量代码，但 UNIX 并不需要。移除这些代码将导致函数中的边际性能增加，并且允许 Windows 和 UNIX 用户更好地理解它的内容。

代码清单 B-2 为纯 UNIX 版本的 mcTimeSeries()。它与代码清单 6-12 中的操作系统独立的版本相同，只是少了一些花里胡哨的功能。我们在此处列出并讨论这些不同点。

- 省略(...)已经从代码尾端移除。该省略不被 UNIX 用户所需要，因为它们可以利用词法作用域，而不是显式的传递额外值和函数。
- 函数的前 3 行被移除。这些程序构造了对象名称的字符向量导出，这些对象名称存在于全局环境中而不是函数环境中。向量被传递到 .export 的 foreach() 中，以便最多在两个级别执行词法作用域。执行此计算是手动实现词法作用域的一种手段，在这种情况下，只有全局和单个函数环境。在 UNIX 中实现 foreach()是完全忽略.export 参数。

- .packages 参数被移除。该参数由 loadedNamespace()提供，是为了导出在主环境中加载的所有包。在 UNIX 的 foreach()中，.packages 参数不能被忽略，但由于在运行 R 时，fork 调用时共享了包，从而完全是多余的。每当 mcTimeSeries()运行的时候，R 仍然试图载入已经存在的包直到发现已经被载入，这与重复运行 library()而不会产生影响的道理是一样的。通过传统载入包的方式会使 UNIX 中的这个参数变得有必要，但不太可能是开发不足而使其变得有必要。重新以 loadedNamespaces()提供的顺序载入所有运行中的包，很有可能会导致包中有冲突的函数名的意外屏蔽。这不太可能阻碍开发，但可用该版本函数避免其他的小问题。

代码清单 B-2　纯 UNIX mcTimeSeries()

```
mcTimeSeries <- function( data, tsfunc, byColumn, windowSize, workers ){

  SERIES <- foreach ( i = 1:workers, .combine = rbind ) %dopar% {

  jRange <- delegate ( i = i, n = nrow (data), k = windowSize, p = workers)

  rollapply (data[jRange,],
    width = windowSize,
    FUN = tsfunc,
    align = "right",
    by.column = byColumn)
  }
  names (SERIES) <- gsub ("\\..+", "", names (SERIES))

  if( windowSize > 1){
    PAD <- zoo ( matrix (nrow = windowSize-1, ncol = ncol (SERIES), NA),
                 order.by = index (data)[1:(windowSize-1)])
    names (PAD) <- names (SERIES)
    SERIES <- rbind (PAD, SERIES)
  }

  if( is.null ( names (SERIES))){
    names (SERIES) <- gsub ("\\..+", "", names (data)[1: ncol (SERIES)])
  }

  return (SERIES)
}
```

UNIX 用户鼓励采用该代码完全代替代码清单 6-12。它将有益于我们的源代码具有便利的开发性、更高的性能和更好的扩展性。扩展性非常重要，例如，在开发源代码过程中，我们在许多的指示器、求值器和优化器中编写了叫做 entryfunc()的函数。假如一个开发者希望扩展平台，并想在自己的新函数 exitfunc()中运行。他会发现这个函数通过 mcTime Series()运行能得到最好的结果。通过简单地在全局变量中声明 exitfunc()并在求值器中替换 EXIT 对象，UNIX 用户可以用这个新函数实现优化。代码清单 B-3 给出如何实现该过程的代码。

代码清单 B-3　UNIX 环境多核扩展性

```
exitfunc <- function(v) {
  # 开发者新的exit 函数
}

evaluate (…) <- function(…){

  # 开发者新的evaluate 函数

  EXIT <- mcTimeSeries (CLOSE, exitfunc, TRUE, 20, workers)

  # evaluate 函数的剩余部分
}
```

B.3　Windows 中的实例复制

Windows 没有自己的 fork 调用。foreach 包利用 doParallel 工作，产生 n 个独立的 R 以实现 n 核过程。简单情况下，foreach 包允许多核的操作系统独立的开发。当我们开始依赖于函数作用域和全局作用域之间的对象的词法作用域时，R 会将它们看作是丢失从而报错。

B.3.1　实例复制和内存管理

Windows 中的 foreach 为 n 核过程产生 n 个独立的 R 实例。这些实例是不运行 GUI 时 R 环境的实例化，并通过 Windows 命令提示符调用 R 函数 system() 保持功能。由于每个 R 实例包含一个远程维护的不变全局环境，这将产生许多问题。

foreach() 的调用试图模仿 UNIX 的 fork 调用和 R 的词法作用域，这是通过把每一个 R 实例全局环境当作 foreach() 调用的函数环境实现的。这会令人感到困惑，因为环境在函数级别声明存在而不是在临时和次全局 R 环境所期待的作用域。此外，这是低效的，因为大对象不遵循正常删除和垃圾收集规则。导出到这些实例的函数级对象在未使用时保留在内存中，这可能导致快速多核计算系统的内存不足而出现错误。

B.3.2　R 作用域的应用

作为实例复制下保持效率的一种方式，foreach() 函数让我们明确地声明在实例中需要加载的所有包和对象。这种行为不是企图模仿 fork 调用，而是出于对 Windows 兼容性的考虑而引入的非 R 编程范式。我们分别通过 foreach() 的 .packages 和 .export 来声明这些包和对象。由于这些参数中引用的对象可能不存在于函数范围中，我们提供一个对象名称的字符向量。提供 .export 字符向量而不是对象的列表，可以防止我们动态地输出介于全局环境和 mcTimeSeries() 环境之间的对象。

代码清单 6-12 中 mcTimeSeries() 的操作系统独立声明在参数列表尾端包含了省略（…），用户可以直接从 mcTimeSeries()内环境中提供其他的对象。如果用户想要在调用 mcTimeSeries()中动态声明一个函数，如典型应用样式函数一样，则必须通过所有嵌套函数调用传递函数对象。这是一个技术上可行的解决方案，但是相比于标准的 R 词法作用域规则大大抑制了可扩展性。

我们以代码清单 B-3 为例，在这个例子中用户将多核 R 实现新的 exitfunc()函数并入优化器。我们会为 Windows 用户重新实现这个过程。

首先，需要注意大多数函数需要参数，而不仅仅是数据，这一点对 Windows 中的多核来说很重要。如果用户想向函数传递一个参数，他必须将其声明为 exitfunc()的参数而不是依赖于词法作用域。继续下去，我们发现从依赖参数的最高函数传递函数对象十分麻烦，从优化器一直到最低级别，直到 mcTimeSeries()。

代码清单 B-4　Windows 环境多核的扩展性

```
# 声明alpha 是一个参数
exitfunc <- function(v, alpha) {
  #开发者新的exit 函数
}

  # 声明exitfunc 是evaluator 的一个参数
evaluate <- function(… , exitfunc){

  # evaluate 函数给evaluator function 的参数alpha 复值
  alpha <- 0.5

  # 声明mcTimesSeries 函数中的对象，将exitfun 和alpha 传递给mcTimeSeries 中
  EXIT <- mcTimeSeries (CLOSE,
                        function(v) exitfunc (v, alpha),
                        TRUE, 20, workers,
                        exitfunc, alpha)
  # evaluate 函数的剩余部分

}
  optimize <- function(… , exitfunc){

  #将所有调用改为包含了参数exitfun 的优化器主体

  evaluate ( … , exitfunc )

  # 优化器主体

  evaluate ( … , exitfunc )

  # 在优化器中对evaluate()函数会有很多次调用
}
```

除了可扩展性问题涉及我们的平台，开发人员需要注意一些关于可重复性、实例管理和开发测试的行为。

- 默认情况下，foreach()输出所有被调用环境中所需要的非函数数据对象。这是一种显著的效率优化，因为它尽量只复制必要的对象。
- 一旦函数对象通过 foreach()显式或隐式导出，该函数对象会在全局环境中持续一段时间或者直到终止。当输出函数时，这会导致再现性问题。如果两个对 foreach()的独立调用需要同一个用户定义函数输出，则如果在第一次调用中导出该函数，则要执行的第二个调用将无错误地运行。一旦用户定义的函数已经被导出一次，它就可用于所有未来的函数。
- 一旦从 foreach()输出任何显式或隐式的数据对象，该数据对象会在全局环境中持续一段时间。让大的数据对象堆积最终会引起内存溢出错误。

Windows 用户面临严重的关于多核 R 的可扩展性问题。最终，许多策略不是依赖于多核 R，而是对现有程序的创新性应用。

欢迎来到异步社区！

异步社区的来历

　　异步社区（www.epubit.com.cn）是人民邮电出版社旗下 IT 专业图书旗舰社区，于 2015 年 8 月上线运营。

　　异步社区依托于人民邮电出版社 20 余年的 IT 专业优质出版资源和编辑策划团队，打造传统出版与电子出版和自出版结合、纸质书与电子书结合、传统印刷与 POD 按需印刷结合的出版平台，提供最新技术资讯，为作者和读者打造交流互动的平台。

社区里都有什么？

购买图书

　　我们出版的图书涵盖主流 IT 技术，在编程语言、Web 技术、数据科学等领域有众多经典畅销图书。社区现已上线图书 1000 余种，电子书 400 多种，部分新书实现纸书、电子书同步出版。我们还会定期发布新书书讯。

下载资源

　　社区内提供随书附赠的资源，如书中的案例或程序源代码。

　　另外，社区还提供了大量的免费电子书，只要注册成为社区用户就可以免费下载。

与作译者互动

　　很多图书的作译者已经入驻社区，您可以关注他们，咨询技术问题；可以阅读不断更新的技术文章，听作译者和编辑畅聊好书背后有趣的故事；还可以参与社区的作者访谈栏目，向您关注的作者提出采访题目。

灵活优惠的购书

　　您可以方便地下单购买纸质图书或电子图书，纸质图书直接从人民邮电出版社书库发货，电子书提供多种阅读格式。

　　对于重磅新书，社区提供预售和新书首发服务，用户可以第一时间买到心仪的新书。

　　用户账户中的积分可以用于购书优惠。100 积分 =1 元，购买图书时，在 ⌞ 0 ⌟ 使用积分 里填入可使用的积分数值，即可扣减相应金额。

纸电图书组合购买

社区独家提供纸质图书和电子书组合购买方式，价格优惠，一次购买，多种阅读选择。

社区里还可以做什么？

提交勘误

您可以在图书页面下方提交勘误，每条勘误被确认后可以获得 100 积分。热心勘误的读者还有机会参与书稿的审校和翻译工作。

写作

社区提供基于 Markdown 的写作环境，喜欢写作的您可以在此一试身手，在社区里分享您的技术心得和读书体会，更可以体验自出版的乐趣，轻松实现出版的梦想。

如果成为社区认证作译者，还可以享受异步社区提供的作者专享特色服务。

会议活动早知道

您可以掌握 IT 圈的技术会议资讯，更有机会免费获赠大会门票。

加入异步

扫描任意二维码都能找到我们：

| 异步社区 | 微信服务号 | 微信订阅号 | 官方微博 | QQ 群：436746675 |

社区网址：www.epubit.com.cn

投稿 & 咨询：contact@epubit.com.cn